海のプロフェッショナル
海洋学への招待状

窪川かおる 編／女性海洋研究者チーム 著

東海大学出版会

A guide to oceanologic and nautical professionals

Edited by Kaoru KUBOKAWA
Tokai University Press, 2010
Printed in Japan
ISBN978-4-486-01881-0

序文

　海が好きな皆さん，海のどういうところが好きですか．イルカ，カモメ，サンゴ，深海魚，ダイビング，サーフィン，昆布，嵐，海流，船，砂浜など，海とつながりの深い言葉は多数あります．そして，そのすべてが互いに密接に関係しています．海についての学問は海洋学ですが，生物，物理，化学，地学の海洋科学と工学の総合科学であり，さらに政策，経済，運輸も含む総合学問です．複雑で勉強するのは面倒に思えるかもしれませんが，謎解きは複雑なほどアプローチの方法が多く，解けた時の喜びは大きくなります．海は多くの謎に満ちていますが，地球誕生以来，皆さんに解かれることを待っています．

　海洋科学で活躍する女性たちが集まり，若い方々に海に関する多様な知識，進学，就職を紹介する本書が出来ました．照れくさいですが，私たちのように楽しく，生き生きと，海に挑戦して欲しいとの願いを込めた海への誘いです．とくに，海に関する職業に就いている女性は少なく，近年の女性進出の伸びに遅れを取っています．そこで，女性の進出を願い，著者は全員女性です．女性の少なさゆえに水産や国際機関のように執筆依頼が難航した分野もありましたが，著者紹介にあるように人間的魅力も能力も兼ね備えた女性たちによる本が完成しました．

　平成18年度に「海が好き！　オーシャンサイエンスで活躍する女性研究者たち」の課題名で，文部科学省の女子中高生の理系選択支援事業を東京大学海洋研究所が実施しました．平成19年度も「輝け未来！」と冠した課題名で採択され，実施した側も多くを学びました．

　日本は海に囲まれていますが，日本の中で海洋科学という研究分野は

残念ながらあまり知られていません．また，少ないながらも女性が海に関わる様々な職についているのですが，それが知られていないことも前述の理系選択支援事業での授業やアンケートを通してわかりました．そこで，若い方々，とくに女子に海洋科学を知ってもらおうと本書が誕生しました．と心意気は大きいのですが，本書は大海に出た小舟のように社会の波にもまれることでしょう．航海の安全を願うばかりです．

海に出ると，一時の油断もできない状況になります．突風や高波は快晴でも突然襲ってくるし，準備万端整えていても，船上で観測機器が故障したり，時には忘れ物をしていたり，計画通りに物事が進まないのが普通なくらいです．海洋科学者には，物事にこだわらない寛容な人が多いように思うのは，そのためかもしれません．それゆえか，著者の方々には粘り強く本書の出版までお付き合いいただくことができ，編者として深く感謝しています．

第1部「学ぶ」の第1章以外の章は，各著者の専門分野です．すでに勉強している方には物足りないかもしれませんが，本書は，海洋科学の入り口への灯台のように利用してもらえると思っています．また，興味を持ったページから読み，ページサーフィンを楽しむこともできるでしょう．もっと勉強したいと思ってもらえたら，私たちは天にも昇る嬉しさです．そのような読者のために，著者によるお薦めの参考図書を付録に入れました．きっとお役にたつことでしょう．

第2部「進学する」の学生さんの日常と第3部「仕事にする」の第一

線で活躍されている方々の仕事内容は，紙数の制限でほんの一部の紹介です．不足分は，是非とも付録の海洋科学に関係する学校・仕事場案内のホームページを参照してください．

　最初の企画は女性のためのものでしたが，本書は男性のための本でもあります．テキストや進学先や就職先は男性にも大いに役に立つでしょう．さらに男女共同参画が推進される現代では，ワークライフバランスの実践で男性が子育てや家事をする機会も増えているので，男性の参考にもなって欲しいと思います．

　東海大学出版会の編集者である稲 英史さんと椙山哲範さんには，オールカラーの決断をいただき，超特急で原稿を本にしていただきました．表紙をはじめとする随所には，私たちの思いを形にした可愛い女子のイラストが添えられ，本書に最強の説得力をもたらしていただきました．

　女子中高生の理系選択支援事業の実施で本書の企画立案のきっかけを作ってくださった文部科学省の科学技術・学術局に厚くお礼を申し上げます．今後も女子を元気にする活動が続くことを願っています．東京大学海洋研究所（現大気海洋研究所）の先生方には本書の完成までに多大なご協力をいただきました．さらに，友人の薄 志保さんには，本書の構想を練る際に，たくさんのご意見をいただき，大変感謝しております．東京大学海洋アライアンス機構にはイニシャティブ助成金で出版できましたことを心から感謝いたします．また合わせて，助成をいただいた日本財団に厚くお礼申し上げます．

窪川かおる

目次

序文 ———————————————————————————— iii

第1部　学ぶ

1. **海ってこんなところ——海への招待**　窪川かおる ———— 2
   海の基礎知識／生命を育む海／日本と海とのかかわり
   - コラム　海といえば船　窪川かおる ———————— 5
   - コラム　船の用語　窪川かおる ————————— 10
   - コラム　白鳳丸の調査・研究　黒木真理 ————— 12

2. **人の暮らしを支える海**　鹿谷麻夕 ————————— 15
   海からの恵み―海洋資源／文化に息づく海／暮らしと海とのつながり
   - コラム　海から学び，暮らしを見直す　鹿谷麻夕 — 20

3. **人間活動と海洋環境の変化**　井上麻夕里 —————— 21
   サンゴ礁環境の悪化／富栄養化とサンゴ礁／局所的な海洋汚染とサンゴ礁／広域的海洋汚染とサンゴ礁／人が変わると海も変わる!?―環境政策と海洋環境の回復―
   - コラム　地球温暖化とサンゴの白化現象　井上麻夕里 —— 25
   - コラム　大気中二酸化炭素濃度の上昇と海洋の酸性化　井上麻夕里 — 29

4. **生命と環境のつながり合い**　塚本久美子・渡部裕美 —— 30
   海の生態系／海の生物の暮らし（微生物編）／海の生物の暮らし（大型生物編）／極限環境の生物
   - コラム　光るバクテリア　塚本久美子 ————— 34
   - コラム　ドレッジとトロール　渡部裕美 ———— 37
   - コラム　プランクトンネット　渡部裕美 ———— 39
   - コラム　クジラ類の視覚　小糸智子 —————— 43

5. **地球環境の変化を映し出す海**　中山典子 —————— 44
   水温，塩分―海洋内の物理・化学的過程を表す基本パラメーター／海洋深層水の地球規模での循環

6. 天気は海が決める？　岩本洋子・井上麻夕里 ―― 52
温室効果ガスと地球温暖化／二酸化炭素と海／植物プランクトンと鉄／エルニーニョ現象
　　コラム　エアロゾルと雲―大気中の小さな粒子が地球に与える影響
　　　　　　岩本洋子 ―― 59

7. 海の底には地球の歴史がつもっている　大村亜希子 ―― 61
世界の海底堆積物／堆積物の年代を調べる／周期的な気候変動の記録／海水温変動の記録／過去の海底地震の記録
　　コラム　海底堆積物の採取1　大村亜希子 ―― 64
　　コラム　海底堆積物の採取2　大村亜希子 ―― 67

8. 海の底には山や温泉がある　沖野郷子 ―― 71
海底は沈黙の世界？／海底を調べる／プレートテクトニクスと海底の大地形／プレートが離れていく中央海嶺／海底をつくっている岩石／プレートが沈み込む海溝／沈み込み帯と地震／沈み込み帯と火山／海底の温泉～海底熱水系
　　コラム　統合国際深海掘削計画（Integrated Ocean Drilling Program; IODP）　山岡香子 ―― 74
　　コラム　海底地震計　沖野郷子 ―― 83
　　コラム　サイドスキャンソナー　沖野郷子 ―― 85

引用文献および Web サイト一覧 ―― 86

第2部　進学する —— 学生生活をのぞいてみよう

1. 海底の大山脈，中央海嶺を調べる　山岡香子 ―― 88
プロフィール・研究／ある1日のスケジュール／ある1年のスケジュール／中央海嶺の熱水活動／オマーン・オフィオライトの分析／学会やシンポジウム／大学院生とお金／勉強と研究

2．ナメクジウオから進化を解き明かす　丹藤由希子 ―――― *94*
　プロフィール・研究／ある1日のスケジュール／ある1年のスケジュール／ナメクジウオの話／いざ，海へ／ナメクジウオの採集は漁船で／国際学会に参加する／休日になったら

3．水産大学校で学ぶ　上田　碧 ―――――――――――― *100*
　プロフィール・研究／ある1日のスケジュール／ある1年のスケジュール／研究の様子／実習乗船／キャンパスライフ／我が校の練習実習船／卒業後の進路

第3部　仕事にする ―― 働く現場をのぞいてみよう

1．海洋汚染調査に携わる　清水潤子 ――――――――――― *108*
　プロフィール・研究／海洋汚染調査との出会い／ある1日のスケジュール／ある1年のスケジュール／研究について／海洋情報部の測量船／海洋情報部への採用と任用／女性職員について

2．マイワシやマサバの資源管理を研究する　渡邊千夏子 ―― *113*
　プロフィール・研究／ある1日のスケジュール／ある1年のスケジュール／水産資源の管理と評価／魚の年齢を知る／仕事と家庭／休日の趣味

3．海洋調査をサポートする　大石美澄 ――――――――― *118*
　プロフィール・研究／ある1日のスケジュール〈船上での生活〉／ある1日のスケジュール〈陸での生活〉／最近のある1年／船の生活：食事は？　お風呂は？？　船酔いは？？？／ちょっとした楽しみ／船内生活の心得／仕事を離れても海／海からも離れて……バイク

4．水族館のお仕事　足立　文 ―――――――――――――― *123*
　プロフィール・研究／ある1日のスケジュール／ある1年のスケジュール／クラゲの採集／様々な展示

5. 地球深部探査船「ちきゅう」での仕事：地球の歴史を解明する
　　木戸ゆかり——————————————————127
　　プロフィール・研究／地球科学との出会い／ある1日のスケジュール
　　〈陸上の1日〉／ある1日のスケジュール〈船上の1日〉／ある1年
　　のスケジュール／研究と航海／IODPプロジェクト

6. 美味しさを追求する仕事　広瀬あかり——————————132
　　プロフィール・研究／ある1日のスケジュール／ある1年のスケジュ
　　ール／現場での仕事／小学校理科授業／官能評価／その他

7. 海の自然を伝える活動　鹿谷麻夕——————————137
　　プロフィール・研究／ある1日のスケジュール／観察会のある1日の
　　スケジュール／ある1年のスケジュール／小学校の環境学習／市民活
　　動をサポートする／趣味が仕事で，仕事が趣味で

8. 国連開発計画の国際職員として　脇田和美——————142
　　プロフィール・研究／ある1日のスケジュール／ある1年のスケジュ
　　ール／他団体との連携・協働促進／PEMSEA自体の会議準備・運
　　営／持続可能な沿岸域管理に関するフォーラム，ワークショップ開催
　　／Field Tripと素敵な人々との出会い／マニラでの生活

付録

Q&A —————————————————————150
海に関するおすすめ本 ————————————————154
海にかかわる機関およびWebサイト ——————————157
著者紹介 ——————————————————————169

装丁：中野達彦／イラスト：北村公司

船の上では５分前

第1部
学ぶ

1．海ってこんなところ―海への招待

窪川かおる

　海洋科学は海にかかわる物理学，化学，地学，生物学，ならびにこれらと関係するすべての研究が互いに関連し合う総合学問である．研究対象は元素から地球まで海に関わるすべてである．海洋科学の研究者は，時には研究船に乗り，広く深く，そして長い歴史を秘めた海を知ろうとしている．一方，水産，気象，鉱物資源，造船，貿易，観光，レジャーなどで海は私たちの身近にある．

■海の基礎知識

海は塩辛くて大きい　　海水は私たちが知る元素のほぼすべてを含む．そのうち99.5％以上が塩化物，硫酸塩，臭化物，重炭酸塩，ナトリウム，カリウム，マグネシウムである．残り0.5％の中では，リン酸塩，ケイ酸塩，窒素化合物が多い．海水は塩辛いだけではなく，ミネラルが豊富である．海の最深部はマリアナ海溝10920 mで，1 cm^2に約1 tの水圧がかかっている．陸の最高峰はヒマラヤ山脈のチョモランマ頂上の8848 mなので，この山頂に登るよりマリアナ海溝の海底に潜る方が遠い．海全体の平均水深は3800 mであり，標高3776 mの富士山と同じくらいである．しかし，地球の半径は6300 kmあり，比較すれば海は薄っぺらである．海も陸地も地球表面のわずかな凸凹にすぎなくなる．

　海の表面積は$361×10^6 km^2$で，地球の表面積$510×10^6 km^2$の71％にあたり，陸は残りの29％にすぎない．北半球における陸と海の比は2：3で，南半球の1：4より陸の部分が大きい．海域で大きさを比較すると，最大は太平洋の$180×10^6 km^2$で，2番目は大西洋の$94×10^6 km^2$になる．このように海は深くて広いため，人間がまだ知ることのできない部分が極めて多い．

海の成り立ち　　およそ46億年前の誕生した頃の地球は，鉄やニッケルのような重い金属が中心に集まって核となり，その外側にカンラン岩のような重い岩石が集まってマントルを形成した．さらにその外側に花崗岩のような軽い岩石がのって地球表面に薄い地殻が形成されたと考えら

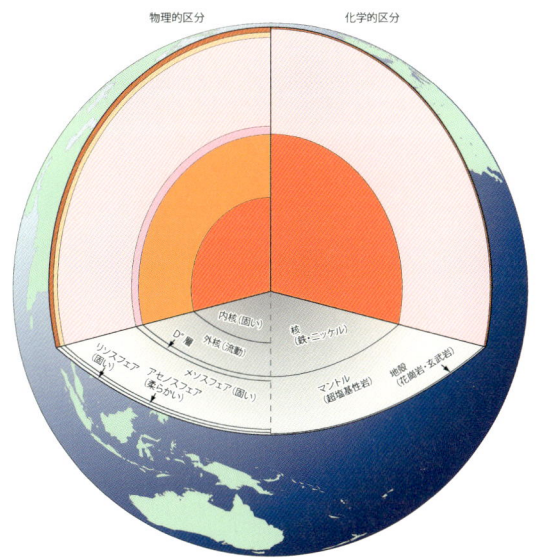

図1 地球の内部構造．右側の断面は化学組成に着目した場合の層構造部分を，左側の断面は物理特性に着目した場合の区分を示す．第8章 p.73参照

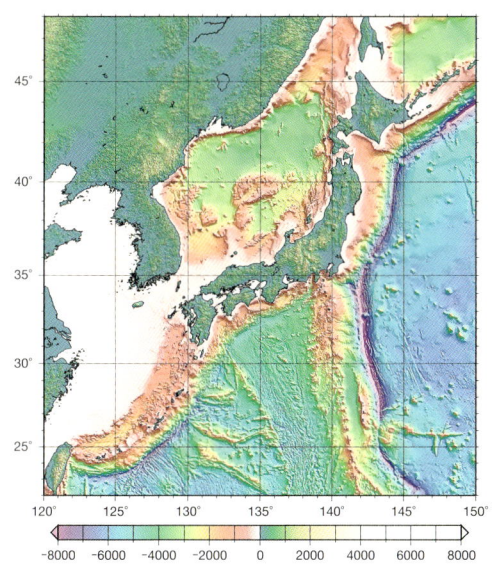

図2 日本周辺の海底地形図．伊豆小笠原では，島々の間に多くの海底火山が並んでいることがわかる．データは（財）水路協会の水深データセット JTOPO030

れる．しかし，誕生時の地球の内部構造がこうであったと断言するにはまだまだ研究が必要である．

マグマの塊として誕生した地球の原始大気には，地球内部から放出された大量の水蒸気，二酸化炭素，窒素，塩素，硫化水素などが含まれていた．やがて40億年ほど前になると地球は冷えてきて，水蒸気が雨となり地表に降り注いだ．この雨には，大気中の塩酸や亜硫酸が溶け込んでいて，強い酸性 pH 3〜4 であったと推定される．この酸性の雨は地表に降り注ぎ，岩石中のナトリウムやカルシウムと反応して中和されていった．この水は海となり，大気中の二酸化炭素が溶け込むと，海水中のカルシウムと反応して炭酸カルシウムになり，海水は pH 8 前後の弱アルカリ性となった．こうして，地球の誕生から 5〜6 億年後には，現在とほぼ同じような弱アルカリ性で塩辛い海ができあがったという．

この原始の海の水温は高く，50〜90℃ もあり，塩分以外には，岩石から多くの元素が溶け込み，さらに大気中からはアンモニア，メタン，ホルムアルデヒドや炭化水素がやってきた．この海で起きた生命の誕生にとって重要だったと考えられるのは，還元環境にあったことである．できてまもない大気中や海水中には気体としての酸素がなく，そこで合成された有機化合物が酸化されなかった．これと同じような極限環境とよばれる嫌気的環境が，現在でも海底の熱水噴出域や冷湧水域に見られ，生命の起源の謎に取り組む調査研究の場となっている．

■生命を育む海

生命の誕生　　生命の誕生について定説はないが，多くの研究者は，還元環境にあった原始の大気中で，生命誕生の原材料である生体物質のアミノ酸，核酸，脂質といった有機物が合成されたと考えている．実験的に酸素を除いて水素を豊富に加えた原始大気環境を作り，放電エネルギーを与えたところ，アミノ酸までが形成されたという．これはミラーとユーリーの実験として知られる．そして，紫外線や放電のエネルギーを使った化学反応が起こり，有機分子が合成される反応の繰り返しで，次第に複雑な分子ができてきたと考えられる．

最も初期の生命体の痕跡は，35億年前の西オーストラリアの岩石中から，顕微鏡レベルの微少な生物の化石（微化石）として発見された．この生物は単細胞で，今日の細菌類に似た単純な構造を持つ原核生物であった．

Column
海といえば船

　海洋科学では調査船,研究船,有人・無人の潜水艇などが活躍する　調査船の歴史では,「種の起源」を著したC.ダーウィンが若い時に乗り組んだビーグル号(242 t,全長27.5 m)の1831〜36年の世界一周航海が名高い(文献5).1872〜76年には海洋観測や採集調査を目的としてイギリスのチャレンジャー号(2306 t,全長67 mの帆船)が世界一周航海をした(文献6).ここから海洋学が始まったといわれる.採水,採泥,海底から表層までの海洋生物の採集など,海洋学の基礎となるサンプルを収集し,未知の海を初めて人々に知らしめた.現代は,海底資源と水産資源の調査をおもな目的として,最新の観測機器を装備した船で海洋調査が進められている(文献4).

　日本の海洋科学調査船　日本の主要な科学調査船は海洋研究開発機構(JAMSTEC)が所有している.調査船5隻,学術研究船2隻,世界で一番深く海底下7500 mまで掘れる地球深部探査船「ちきゅう(57087 t)」,世界で一番深く潜れる有人潜水調査艇「しんかい6500」,無人探査機「ハイパードルフィン」などである.

　全国共同利用研究として大学・研究機関の海洋学研究者に広く利用されている淡青丸(610 t,研究者11名)と白鳳丸(3991 t,研究者35名)は日本沿岸の数日の航海から海外の数ヵ月の長期におよぶ外航に出る.

　水産庁では,漁業調査船「開洋丸」,「照洋丸」でトロール網を使った水産資源調査などを行っている.女性船員も2009年には7名働いている.水産高校の実習船,大学水産学部の練習船や調査研修船,水産大学校の練習船など,学校の船は次世代の若者の教育に活躍している.　　　　　　　　(窪川かおる)

地球深部探査船「ちきゅう」.全長210 m,研究者50名まで乗船できる.乗船者の移動はヘリコプターの場合もあり,写真右上はヘリコプターデッキ.船の上の塔は,ドリルパイプを吊して掘るためのやぐらで,120 mの高さがある.

海洋調査船「なつしま」,全長67m,研究者18名まで.3000m級無人探査機「ハイパードルフィン」の母船.深海の堆積物や生物を船上で映像を見ながら採取する.

生命の初期進化　　現在の生物の祖先が出現するまでには，4つの重要な出来事があった．1）最初の生命誕生，2）原核生物の成り立ち，3）真核生物の成り立ち，4）多細胞生物の成り立ちである．

　原核生物の微化石より大きく明らかに構造が異なる細胞の微化石が，約21億年前の岩石中で発見されている．この細胞の核は複雑な膜構造に包まれていた．真核生物の出現である．

　約27億年前に，光合成をする原核生物が出現して海に酸素が多くなると，酸素を利用してエネルギーをつくる好気的細胞が出現した．好気的細胞は，嫌気的細胞よりエネルギーをたくさんつくり出す活発な細胞で，どのようにしてか，原始的な真核細胞に共生し，その一部となった．真核生物にあるミトコンドリアは，そのような共生でできたと考えられている．

　やがて，いくつかの真核細胞が他の細胞と群体をつくり，それぞれが異なった役割を持つようになるという多細胞化が起きた．同じ個体の中の細胞は同じ遺伝子を持っているが，それぞれの細胞で遺伝子が別々に制御されて働きが異なるようになり，働きは多様になった．このようにして生物の多様な形や体の仕組みができてきた．生物の進化と多様化が進み，ついには人類の出現を迎えることになるのだが，進化の歴史の中の重要な局面の多くは海の中で起きている．海の生物を調べることは進化を調べることにも通じるたいへん重要なことなのである．

未知の海洋生物　　光合成をする植物プランクトン，それを食べる動物プランクトン，プランクトンを食べる小型海洋生物，小型海洋生物を食べる中型海洋生物，中型海洋生物を食べる大型海洋生物といった食物連鎖の中で多様な生物が生きている（第1部4章参照）．一方，光が届かない深海には植物プランクトンが育たず，食物が豊富ではないので，生物の個体数も少ないとされている．

　ところで，種が同定され命名されている海洋の生物は約16万種で，500万種以上といわれる陸上の生物よりずっと少ないが，プランクトンのように小さな生物や深海生物にはまだ同定されていない未記載種や発見さえされていない生物が数多くいる．また，海洋生物のうち，2％が海中で生活し，残りは海底で生きているので，海底探査をしていけば新種が発見される可能性が大きい．2000年から始まった海洋生物の多様性を調べる国際的プロジェクト Census of Marine Life では，10年間で水深200m以深で1万7000種類以上の新種を見つけた．2010年の発表で

は，日本近海には全海洋生物種数の14.6％が分布し，種の多様性も高いことがわかった（文献1）．さらに，深海は水温が低く，成長が遅いため，古代の生物の形質を残す生物が生息している可能性すらあるとされている．海にはまだまだ未知の生物がいる．

■日本と海とのかかわり

海に囲まれた日本　日本全体は弧状をしていて，大小合わせて約6800の島々からなる．日本列島の南には東シナ海，東には太平洋，北にはオホーツク海，西には日本海があり，関門海峡，瀬戸内海および津軽海峡が4つの核となる大きな島，すなわち九州，四国，本州および北海道を隔てている．このような姿の日本列島の原型は，第三紀中新世（1400万年ほど前）にできたとされている．

日本は地震が多い．近年の阪神・淡路大震災，新潟県中越地震などの大地震も発生し，地震列島ともよばれる．2009年の時点で発生が懸念されている大地震には，東海地震があり，その地震発生のメカニズムからプレート境界地震とよばれる．海洋地質学でのプレートとは地球表面の厚さ数十kmから数百kmの固い岩石の層である．海底のプレートと陸のプレートがあり，海底のプレートは，海嶺とよばれる海の盛り上がり部分から，地球内部の高温の物質が地球表面に湧き出すことで形成され，1年間に数センチメートルずつ広がっている．この海底のプレートが陸地を形成している陸のプレートとぶつかり沈み込む境界で地震が発生する．

日本は陸のプレートであるユーラシアプレートの東端にあり，海のプレートであるフィリピン海プレートと太平洋プレートがぶつかる境界に位置する．日本の東側には太平洋プレートの沈み込みに由来する日本海溝（最深部8020m）があり，フィリピン海プレートの沈み込みに由来する境界には，駿河湾から南に続く駿河トラフ，紀伊半島〜四国沖の南海トラフがある．海溝やトラフから日本列島の内陸まで，多くの地震が発生している．海洋科学では日本近海の海底および海底下を調べ，地震が起きるメカニズムを調べ，地震の予知につなげる研究がなされている．

水産物　海に囲まれている日本は水産物の消費の多さから水産国ともいわれる．海に面していない滋賀，岐阜，奈良，山梨，栃木，長野，群馬，埼玉の県でも，湖や川を意味する内水面での漁業や水産研究が盛んに行われている．

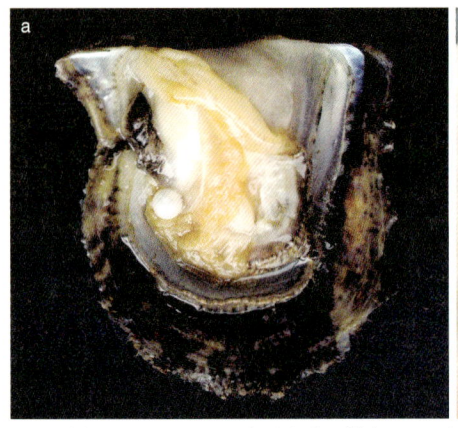 

図3 （a）真珠とアコヤ貝（写真提供：（株）ミキモト）．（b）手のひらの上の干しなまこ．体長約20 cmのナマコが約5 cmに縮む（写真提供：菊池摩仁）．

　水産業は漁業，増養殖業，水産加工業などに分けられるが，それらは互いに関連している．たとえば，ウナギを卵から親まで育てる養殖技術の見通しが2009年に立った（文献2）．稚魚であるシラスウナギは本州以南の河口や浅海で漁獲され，養殖池で餌育される．成魚になって出荷され，蒲焼などに加工され販売される．最近マグロも卵からの養殖ができるようになってきた．2002年には近畿大学水産研究所の大島実験所で養殖に成功し，消費だけでなく増養殖や資源保護も進められている．

　寿司ネタの定番はマグロであるが，マグロの消費量は世界一で，2008年度は1人当たり年間で4.6 kgほど消費している．マグロは世界の海で漁獲されているが，国際的に保存管理を行うことが検討されている．

　水産業について統計的な数値をいくつか眺めてみよう（文献3）．2008年の海産物漁業・増養殖生産量は559万トン，生産額は1兆5423億円．1人当たりの1年間の食用魚介類供給量は2005年には61.5 kgであった．世界平均は16.4 kgであり，中国25.6 kg，米国24.1 kgの2倍以上食べている．

　日本は多くの水産物を輸入しているが，輸出もしている．まず，輸出をみると，2009年の水産物輸出の第1位は干しなまこ249 t，第2位はさば84 tである．金額では，第1位は真珠191億円，第2位はほたて貝143億円，第3位はさけ・ます類131億円となる．年により，また対象とする水産物の加工の仕方など，統計に使うデータの内容で，順位が変わったりはするが，真珠と干しなまこは日本の大事な輸出品となっている．

真珠と干しなまこの輸出先は2009年には香港が１位だった．中国では干しなまこを水に戻して調理する．高級食材であるし，漢方薬でも重用されている．九州大学の吉国通庸らのチームは，2007年にナマコの産卵を誘発するホルモン（クビフリン）を発見し，ナマコの養殖への利用を進めている．

　次に輸入をみると，2009年の輸入水産物の１位は，魚粉30万t，次いでさけ・ます類24万t，以下３位がまぐろ・かじき類，４位がエビであった．輸入金額をみると中国からはウナギ調整品やカニ調整品，米国からはタラやタラコ，チリからはさけ・ます類の輸入が多かった．中国や米国との間の水産物の輸出入は，日本の大事な産業である．

水族館　　日本は世界一水族館が多い国である．飼育員の方々は飼育や展示に工夫を重ね，見学者を喜ばせてくれる．日本で最初の水族館は恩賜上野動物公園（東京都台東区上野公園）の観魚室(うおのぞき)で，1882年に農商務省・博物館局の所轄として開設されたが，淡水魚だけの展示だった．海産魚を初めて展示したのは私設の浅草公園水族館（1899年）で，千葉県富津沖から海水を運んだ．今も海から離れた立地で海水を直接採ることができない水族館は，海水を運んで海水タンクに貯め，ろ過して使用している．たとえば東京池袋のサンシャイン国際水族館では東京と伊豆諸島を往復する船で運ばれる伊豆諸島付近の海水を使っている．

　海水が採取できる海辺の施設が海水魚の飼育にいちばん適していることはいうまでもない．大学附属の臨海実験所にも古くから水族館が併設されていた．1922年に京都大学の白浜水族館，1924年に東北大学理学部附属臨海実験所の水族館，1932年には東京大学理学部附属三崎臨海実験所の油壺水族館が開館した．水槽が小さく，魚の数が少なくても，研究に使われる様々な海の生物の展示や，研究成果の解説など，大学らしい特徴があったが，近隣に私設の水族館ができたため閉館し，京都大学白浜水族館だけが残っている．白浜水族館には，無脊椎動物405種類5639点（2006年現在）という学術的にも貴重な展示がある．

　それぞれの水族館にはそれぞれの特徴がある．また，目立たずひっそりと展示されていても学術的に価値の高い海洋生物も多い．一方，水族館は希少動物の飼育や繁殖にも熱心に取り組んでいる．よくなれたイルカは，飼育員の合図で尾を水面に出し，研究者が注射筒で採血しても平気である．研究者は血液を研究室に持ち帰り，血中のホルモン量を測定して繁殖の研究を行う．その成果はイルカの繁殖に応用される．日本の

水族館は，展示をするだけでなく，世界の海洋生物の保護や繁殖に，大事な役割を果たしている．

海の法律　2007年4月20日に海洋基本法が成立した．海洋に関する施策についての基本的な方針を定めた法律で，基本理念として1）海洋の開発及び利用と海洋環境の保全との調査，2）海洋の安全の確保，3）科学的知見の充実，4）海洋産業の健全な発展，5）海洋の総合的管理，6）国際的協調，があげられている．

基本法策定の背景には，「食料・資源・エネルギーの確保や物資の輸送，

Column
船の用語

船の組織と乗組員　研究船，調査船，実習船など，船にはブリッジ（操舵室），機関部，甲板部という主要な部署がある．操船に関わる船長（キャプテン）や航海士，船の動力に関わる機関長や機関士，観測機器や採集器具の操作を担当する甲板長（ボースン）や甲板員，そして通信室や司厨室といった部署もある．

羅針盤（コンパス）　船の位置を知り針路を決めるのに必要な方位を測る装置で，船が揺れても方位がわかるように船に固定されている．なお，日本では船の右への旋回を面舵(おもかじ)，左への旋回を取舵(とりかじ)というが，これは羅針盤上の方角を12支で表していたことに由来する．12支では，北が子，東が卯，南が午，西が酉である．面舵はもともとは「卯の舵」，取り舵は「酉舵」である．

緯度経度で示す船の位置　目印のない海の上では，船の位置を緯度と経度で表す．GPSによって容易に正確な船の位置を知ることができる．緯度経度の単位は60進法により度・分・秒で示されるので，海上では1分に相当す

羅針盤．同心円状のリングは船が揺れても羅針盤を水平に保持する役目をする．

る1海里（＝1852m＝1マイル，陸上のマイルとは異なる）を距離の単位として航行距離や船速を表す．なお，速度はノット（海里/時間）で示す．

海図　海の地図，海図は，目的によって色々な種類に分類されるが，航海用海図と航海の参考用に使われる特殊図に分けられる．一般に海図という時は海上保安庁が刊行している航海用海図のことを指す（日本水路協会で購入できる）．水深，海底地形，海底地質，海底ケーブルの位置などが示されている海図は，海洋の調査研究にとって必携品である．　　　　　　（窪川かおる）

地球環境の維持等，海が果たす役割の増大」，「海洋環境の汚染，水産資源の減少，海岸侵食の進行，重大海難事故の発生，海賊事件の頻発，海洋権益の確保に影響をおよぼしかねない事案の発生等，様々な海の問題の顕在化」がある．

　この基本法の下に海洋基本計画が立案され，2008年3月18日に以下の目標を掲げる5カ年計画が始まった．

　　目標1　海洋における全人類的課題への先導的挑戦
　　目標2　豊かな海洋資源や海洋空間の持続可能な利用に向けた礎づくり
　　目標3　安全・安心な国民生活の実現に向けた海洋分野での貢献

　これらの目標の実現に向けて，海洋環境の保全，研究開発の推進，離島の保全，人材育成などにかかわる12項目の具体的な取り組みが掲げられている．日本にとって，海にかかわる人材を育成することが重要であることも認識された．始まったばかりであるが，海への関心は高くなっている．

Column

白鳳丸の調査・研究「海でウナギを研究する」

　普段私たちが川や湖でみかけるウナギをなぜ「海」で研究するのか，不思議に思われる人も多いと思う．実はウナギは淡水魚ではなく，海で生まれ，淡水域で成長する"通し回遊魚"に分類される．したがって，海におけるウナギの生態を調べるには，わざわざ外洋に出かけていって調査研究する必要があるのだ．私たちが海のウナギ研究に使う主な研究船は「白鳳丸」である．

　白鳳丸は全長100 m，約4,000 tの大型研究船である．白く輝く船体の真ん中に大きな青い煙突をもつ．船内には計10室もの研究室がある．例えば，後部の観測作業甲板から入ってすぐの第7研究室は，水が床に溢れても大丈夫なように設計されたウェット・ラボ．海で採取した海水や生物，海底堆積物サンプルを後部の甲板から運び込んで直ちに処理できるようにデザインされている．また，その奥に続く第6，第5研究室はセミドライ，ドライ・ラボとなっており，奥の研究室に進むにつれて，精密な分析機器が設置される．私たち海洋生物学の研究では，おもにこの3つの研究室を使用する．大型のプランクトンネット，顕微鏡，遺伝子解析装置など必要な研究機材を積み込み，それぞれの研究室に配置する．出航当日，母港である東京湾の晴海埠頭から白鳳丸に乗り込んだら，いざ出発（第3部扉写真）．

　航海一日目，研究者と乗組員の研究打ち合わせが行われる．この会議では研究航海全体についての最終打ち合わせと初顔合わせ，そして船内生活についての説明がある．二日目には，「総端艇部署訓練」．午後1時，緊急避難時の合図の汽笛が鳴り響くと，長袖の服装の上に青い海でよく目立つオレンジ色のライフジャケット，ヘルメットに軍手を着用した乗船者全員がアッパーデッキに集合し，乗組員から緊急避難時の説明を受ける．この甲板のデッキには，非常時の脱出用救命艇が備え付けてある．

　観測地点に向かって航走する白鳳丸の後部甲板で，さっそく調査準備を始める．私の専門は海洋生物学で，熱帯に生息するウナギの回遊生態を研究す

学術研究船「白鳳丸」（JAMSTEC）

直径3 mの大型プランクトンネット

るために，直径3mの大きなプランクトンネットを使って，ウナギの幼生（仔魚）を採集する．目的の観測地点に到着すると，見わたす限り海しかない外洋でプランクトンネットを曳く．白鳳丸のような大型研究船を使った海洋観測は，船長をはじめとした多くの乗組員や技術職員の協力がなくてはできない．それぞれが専門の知識や技術を持ち，様々な局面でサポートしてくれる．こうした協力があってこそ，研究者は思う存分海での研究に没頭できる．

プランクトンネットの採集物は，すぐに船内のウエット・ラボに運んで，大量のネットサンプルの中から，研究対象の生物を探し出す選別作業を開始する．私が研究対象としているウナギの幼生はオリーブの葉っぱのような体形で，成魚とは似ても似つかない姿をしている．"レプトセファルス"と呼ばれるこのウナギの幼生は，体内の水分含量が90％以上もあり，プランクトンのなかでも極めて比重が小さい．透明で浮きやすい形態的特徴は，捕食者に発見されにくく，水中をふわふわと漂いながら長距離を回遊する浮遊生活に適応したものと考えられている．外洋のいろんな魚類やサンゴ，イセエビの幼生を研究している研究者や大学院生も同乗しており，皆で協力して目的の生物の選別作業にあたる．時間と根気のいる作業であるが，生き物の好きな人にはとても興味深い．宝石箱をひっくり返したような，多種多様な海の生物たちに思わず見入ってしまう（第1部扉写真）．宝探しのような作業である．シャーレのなかに集めたレプトセファルスは，セミドライ・ラボに設置した実体顕微鏡の下で，形態計測をして分類する．揺れる船の中での顕微鏡下の観察は集中力を要する．初めて

ネットで採集されたプランクトン

ウナギのレプトセファルス幼生

の調査航海では，この作業の途中で何度も船酔いに悩まされた思い出がある．

広い海のどこに目的の生物がいるのか？　研究船に装備されている科学魚群探知機を使って，私たち人間の眼では簡単に見渡すことのできない海の中の生物の分布をおおまかに把握する．p.14の図で赤い山のようにみえるのは海山で，その赤いベルトの上に点々と散らばった小さな赤い点が海山斜面に分布する魚群である．外洋にぽっかりと浮かぶ海山は，魚のオアシスのような場所．いろんな外洋性の魚類が棲みついている．日本に生息しているウナギも，はるか数千kmも離れた西マリアナ海嶺（海底山脈）に集まって産卵する．

生物を取り巻く海洋環境を知ることも重要な観測項目である．CTD（Conductivity Temperature Depth profiler）という観測機器を使って水深ごとに水温と塩分を計測する．研究室の一室か

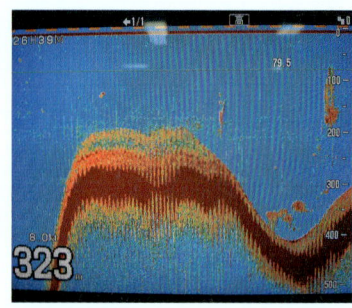
科学魚群探知機の画面

らケーブルが伸びてつながっているこの測器は，深海まで下ろして水温や塩分をリアルタイムで観測することができる．CTDは海洋物理や海洋化学の研究にもよく利用され，同じフレームに採水器，DO（Dissolved Oxygen: 溶存酸素）センサー，蛍光光度計，濁度計などを取りつけて，海水の採集，溶存酸素濃度，蛍光，濁度の測定も行う．

白鳳丸の長期航海の魅力のひとつは，様々な研究分野の人々と一緒に調査できることかもしれない．自分の専門分野とはまったく異なる研究・調査に触れ，視野を広げるよい機会となる．こうした交流のなかから，新たな研究の展開を着想したり，共同研究に発展するようなケースも多い．

白鳳丸には大きな食堂があり，調理師の乗組員が毎食美味しい食事を提供してくれる．24時間体制で行う海洋観測では，交代で仕事にあたり生活が不規則になりがちだが，栄養バランスのとれた美味しい料理を食べて，また元気に調査に打ち込むことができる．長期航海では，航海途中で世界のいろんな港に寄港して，給油，水と食料の仕入れが行われる．これは研究者にとってもよいリフレッシュの機会であり，航海の楽しみでもある．

海の研究は，その自然環境の中で行う大規模な調査であるため，予定通りには進まないこともある．荒天になれば海洋観測を中止して，天候が回復するまで待機したり，他の海域に避難して別の観測作業に変更したりと，臨機応変に対応しなくてはならない．これは，計画した実験をほぼ予定通りに進められる陸上のラボにおける研究スタイルとはまったく異なる点である．このように天候によって調査が大きく左右されることはあるものの，一方では，海域・天候・時間帯によって刻々と表情を変える空と海を感じながら研究できることが，海の仕事の魅力でもある．ときには，白鳳丸のすぐ傍らを泳ぐイルカの群れに遭遇したり，海鳥が船で羽を休めていたりと，思いがけない海の来訪者が調査の合間に心をなごませてくれる．

陸上の研究室に居ながらにして，衛星画像から世界の海洋表層の流れや水温分布がわかる時代となった現在でも，実際の海に行かなければわからないことは多い．深層の海流構造の測定や海水の分析，それに海洋生物の調査などは，どうしても現場に足を運ばなければならない．これらの調査研究に学術研究船の白鳳丸が担う役割は大きく，白鳳丸が世界の海から得たデータやサンプルは貴重である．海はバクテリアからクジラまで多様な生き物が棲み暮らし，生物進化の表舞台となった生命の空間であるが，このなかで私たちが知っていることは，まだほんの一部に過ぎない．特に熱帯や深海の海洋生物の生態は，ほとんど謎に包まれているといっても過言ではなく，興味深い研究課題が山積している．研究船を使った海の調査研究の魅力はつきない．

（黒木真理）

2. 人の暮らしを支える海

鹿谷麻夕

　私たちは，日頃どれくらい海の存在を意識しているだろう．

　日本の海岸線の長さは，統計値にもよるが約3万4000〜5000 kmという．これは世界第6位で，大国のアメリカ（約2万 km）や中国（約1万5000 km）よりもずっと長い．面積当たりの海岸線に直すと，フィリピン，ギリシャについで第3位となる．世界の国々と比べても，私たちの国は海に接する割合がとても大きい．

　こうした島国に住む私たちの暮らしは，古くから海にささえられてきた．現代でも，普段は意識されない様々な場面で，海から得られたものが利用されている．海からの恵み，海洋資源にはどのようなものがあるだろうか．

■海からの恵み―海洋資源

　海洋資源には，主に水産物などの生物資源と，石油や金属などの鉱物資源がある．最近では，潮汐や波浪の力を利用した発電の技術研究も進められており，これらの海洋エネルギーも海の資源の一種といえるだろう．また，直接消費する資源に加えて，私たちは海から観光資源や研究教育活動の場としての文化的利益を得ている．さらに，海洋がになう気候の調節機能や，酸素・二酸化炭素などの物質循環による恩恵も受けている．海洋から私たちが得ているこうした資源や利益のことを，まとめて「海洋の生態系サービス」という．

　生物資源は，主に食用として利用される．水産業は，大型船による遠洋漁業から，中・小規模の沖合・沿岸漁業，養殖業，さらに地元での流通や自家消費に回される個人的な漁労活動まで，規模や形態はさまざまである．沿岸地域ではそれぞれに独自の漁業文化を持つことも多く，日本では海岸線の長さと地域性が海の文化の多様性をもたらしている．

　生物資源は他に，家畜の飼料，医薬品や化粧品の成分としても利用されている．

　鉱物資源では，海底油田・ガス田の探索が世界中の海で行われてきた．

図1　マンガンノジュール．下のたて線の間隔は1mm．

海底地質学や海底探査の技術は，資源開発のために発展してきた側面も大きい．深海底には，マンガンノジュール（マンガン団塊）とよばれる直径1～10 cm程度の金属ボールが転がっていることが知られている（図1）．これはマンガンと鉄のほかにニッケル，銅，コバルトなどを含み，採取して利用が研究されている．また，各種金属を含む熱水鉱床や，メタンを含むガス・ハイドレートなど，利用が模索されつつある海底資源もあるが，いずれもまだ研究段階である．

　なお，生物資源と鉱物資源の大きな違いは，生物が再生産を行う，つまり自ら増えることのできる資源であるのに対し，鉱物資源は採れば採るだけ減少していくことである．再生産ができる生物資源も，バランスを欠いた過剰な採取は資源の減少につながっていく．乱獲と環境悪化による水産資源の減少は世界的な問題であり，現在，資源管理は水産学における最重要のテーマとなっている．また鉱物資源が公海上で発見されると，採掘権をめぐって国際紛争に発展することもある．どちらも，資源の持続的利用の面では，科学的知見に加えて，私たちの社会の節度と知恵，そして国際的な協力体制が試されている．

■文化に息づく海

　海の文化は日本各地に見られる．中でも，小さな島々からなる沖縄は，今でも海と暮らしとのかかわりが深い地域である．沖縄には，旧暦3月3日の春の大潮の日，女性が浜に下りて白砂の上を歩き，足を海水に浸

図2　浅瀬に広がるモズク養殖網（沖縄県南城市）

図3　2月の寒風の中、旬のアーサ採り（沖縄県浦添市）

して身を清めるという「浜下り（ハマウリ）」の行事がある．地域によって浜下りの風習は少しずつ異なるが，一般には自然信仰の聖域である御嶽（ウタキ）で祈り，浜に出て集落の仲間や家族とごちそうを広げる．この季節に海は，夜ではなく昼の干潮時に潮が大きく引くよう，潮汐のリズムが入れ変わる．浜下りは自然のサイクルに合わせた行事であり，今でもこの日には，多くの人々が潮干狩りに出かける．

　沖縄の海では，白波を立てるサンゴ礁が沖合に連なる．これに囲まれた穏やかな礁池は，方言でイノーとよばれる．場所によっては沖に向かって数百mも歩いて渡れるほどの浅瀬が続く場所である．春になると，岩場にアオサ類（アーサ），砂地にはモズクなどの藻類がしげり，水温上昇とともに生物の活動も活発になる（図2，3）．浜下りは観光地や人工ビーチではない沖縄の，海のシーズンの始まりを告げる風物詩である．

　こうした行事はすべて集落ごと，沖縄では字（あざ）の単位で行われる．字の区分を地図で眺めると，どの字にも海と山が含まれるよう，字の境界線が平行に並んでいることがある．それぞれの集落が海と山，両方の資源を利用でき，そして隣りの海や山へは勝手に入り込むことのないよう，狭い島で資源をうまくわかち合う知恵だろう．通常，海には漁業権が設定されており，漁業協同組合に属さない一般の人々の漁労活動は制限されている．しかし昔は，誰もが海から日々の糧を得てきた．特に沖縄戦の直後は食糧難で，「海で命をつないだ」と語る年配者も多い．現在の沖縄にもこの習慣は残り，海藻や貝類，ウニ類など商業的に利用される

2．人の暮らしを支える海

水産重要種について，法的には違法採取となる場合でも，浜下りなどの時に人々がサンゴ礁で適量の獲物を採ることは大目に見られている．

　しかし，沖縄戦で島の社会が崩壊し，戦後，特に1972年の本土復帰以降急激に開発が進められた結果，日常生活から海辺が切り離され，暮らしが海から遠ざかっていった．イノーやサンゴ礁の浅瀬を埋立てによって失った地域も多い．そして，海と付き合ってきた昔の知恵や習慣が次世代に伝わらなくなってしまった．近年，エコツアーや環境教育などで再び海辺の自然が注目されつつあるが，採集マナーやごみの問題，危険生物や潮の流れについての知識不足など，改めて海とつき合う上での課題も多い．

■暮らしと海とのつながり

　沖縄の潮干狩りで得られるのは，ヒトエグサ（方言名アーサ），モズク（スヌイ），ヒジキなどの海藻類，シャコガイ（アジケー，ギーラ）（図4），マガキガイ（ティラジャー）などの貝類，タコ類，シラヒゲウニなどである．こうした生物には地域ごとに呼び名があり，昔から利用され親しまれてきたことがわかる．浅瀬のタコ漁では，小型のイモガイという巻貝の殻を糸につなげて砂地を引きずる漁法がある．餌と思って，海底の巣穴から出てきて貝に抱きついたタコを捕まえるのである．タコとの駆け引きは結構難しく，それがおもしろいのだともいう．魚を獲るには，追い込み漁や夜の電灯潜りが行われていた．いずれも素潜り漁である．スキューバが導入される以前，沖縄の漁師はサバニとよばれる木造の小舟で海に漕ぎ出した（p.122写真）．スノーケルも足ひれも付けず，ちょうどプールで使うゴーグルのようなミーカガン（目鏡）だけで，サンゴ礁の海に潜って魚やエビを突いたり，仕掛けた網へと魚を追い込んでいく．これらは重労働で，また深く潜るために水圧で耳の鼓膜を痛める者も多かった．八重山などでは魚垣（ナガキ，カチ）を築く地域があり，今でも残っている．これは浅瀬に岩を並べて壁を築き，いわば人工のプールをつくる．満潮時に入ってきた魚が干潮時にこの人工プールに取り残され，それをいただくという，自然任せの漁法である．

　こうした昔の漁法は，もちろん効率が悪く水揚げは少ない．しかし，人々が知恵と経験をもって海と向き合い，編み出してきたものだ．漁具・漁法の進歩と漁船の大型化は，水産業の一時的な繁栄をもたらす一方，資源の乱獲や枯渇を招いてきた．現在の日本の漁業生産高は2007年

図4　養殖試験中のシャコガイ

図5　魚鱗箔に利用されるタチウオ

で約570万 t．ここ10年の推移を見ると，養殖業が横ばいのほかは漁業生産高は減少傾向である．漁業者数は約20万人，高齢化と漁獲量の減少等により，これも年々縮小している．2008年には，世界的な原油高で漁船の燃料費が高騰し，漁業者による全国一斉休漁のストライキが起きた．このとき，現在の漁業経営が抱える問題の一端が，社会的にも注目されることとなった．

　水産物は通常の食料として利用されるばかりではない．食品添加物や化粧品の成分として，私たちの気づかないところで使われている例も多い．例えば海藻類はアルギン酸，ラミナリン，カラギーナンといった粘液質の多糖類を多く含み，食品には増粘多糖類として，化粧品には保湿成分として使われる．エビ・カニ類の殻に含まれるキトサンや，サメ類の肝油からとれるスクワランも保湿成分になる．オキアミのカロチノイドは赤い色素として使われ，貝殻・ウニ殻・造礁サンゴの焼成カルシウムは酸化カルシウムの添加物や凝固剤に使われる．また，タチウオやイワシなどの体表膜に含まれるグアニンは，その金属光沢から魚鱗箔と呼ばれる（図5）．これは人工真珠の光沢に，また化粧品の「パール成分」として利用されてきた．さらに，医薬品として注目される水産物もある．キトサンは抗菌性と生分解性をもち，人工皮膚などの再生医療に利用されている．またモズクに含まれるフコイダンには，抗がん作用や免疫活性作用が期待されている．現在も，様々な海洋生物から未知の成分を抽出して，抗がん作用等の有無を調べる研究が行われている．

Column
海から学び，暮らしを見直す

　環境教育では，まず視野を広げ，さまざまな環境や生物が繋がり合っていることを学ぶ．そして視点を身近に戻し，自分たちの暮らしを見直して，足元から具体的に行動できることを考える．海に面した地域なら，やはり海を題材にしたい．もっとも人の暮らしの影響を受ける沿岸部では，環境教育の材料に事欠かない．河川や下水からの生活排水やごみ．農薬や船体塗料などの化学物質．養殖による内湾の富栄養化．大量の漂着ごみ．さらには，自然現象と人為的影響の双方がからむ磯焼けやサンゴの白化といった生態系の破壊．

　こうした問題に対して，個人にできる具体的な行動がたくさんある．温暖化で地元の海に異変が起きれば，家庭や学校からのCO_2排出を減らすことが，「地球」という漠然とした対象ではなく，目の前の海に関わることだと思えてくる．漂着ごみが多ければ，どうしたらごみの出ない社会を作れるか，いろいろな立場で具体的に考えて行くことができる．しかし，環境を守る最良の答えはしばしば経済と対立するため，どこまで互いに折り合えるかが焦点になる．このような時，環境教育では多角的な問題解決能力を育てるほかに，社会的な合意形成の方法を学ぶのも重要なテーマとなる．

　海の環境教育の担い手には，海と生態系への深い理解をベースに，具体的な知識や技術，情報収集力，自然環境と人間社会を含めた包括的な視点といった，スペシャリストとジェネラリストの両方を兼ね備えた幅の広さが求められる．一方で，2003年に「環境保全活動・環境教育推進法」が公布され，学校等での環境教育のニーズが高まっている．多くの場合，市民グループやNPO団体が，小中学校や地域団体を対象に環境教育活動を行っている．しかし市民活動では，科学の最新の知見を取り入れることは難しく，専門性にも限界がある．マンパワーや活動資金が少ないために継続性が難しいといった課題も多い．

　研究者などの専門家は，こうした場では助言的立場に留まることが多い．海の科学を学び，研究に携わる人たちが，もっと環境教育の現場に出られないだろうか．これは同時に，海洋科学の面白さを伝える場にもなる．社会へ，また次世代の環境を生きる子どもたちに向かって，海の姿を分かりやすく説き，環境問題を共に考え，行動する．そこには間違いなく，研究室では得られない，社会の様々な分野や若い世代との新鮮なつながりが待っている．

（鹿谷麻夕）

サンゴ礁の浅瀬は最高の「海学校」

3. 人間活動と海洋環境の変化

サンゴ礁域を例として
井上麻夕里

　タンカーによる油の流出事件や，難分解性有害化学物質（ビニールなどのゴミ）の漂流など，近年の人間活動の影響により，海洋における水質の悪化や生態系のバランスが崩れることが懸念されている．本章では，熱帯および亜熱帯域の沿岸に形成され，豊富な生物多様性で特徴づけられ，地球表層の生物圏でも重要な位置を占めているサンゴ礁域に焦点を当てて，人間活動とそれにともなうサンゴ礁域の環境変化に関する研究を紹介する．

■サンゴ礁環境の悪化

　1970年代以降から，人間活動の影響を受けて，変化・荒廃していくサンゴ礁の研究が活発に行われている（図1）．ハワイのオアフ島カネオヘ湾におけるサンゴ礁環境の悪化の報告は，生活排水による富栄養化が生態系に極めて大きな影響を与えることを指摘しており，その後の一連の研究の先駆けとなっている（文献7）．また，タイのシャム湾において沿岸のスズ鉱山からの排水が周辺のサンゴ礁に影響を与えている報告がある（文献8）．サンゴ礁にストレスを与えるおもな要因としては，このような沿岸域の人口増加や工業化にともなう生活排水・鉱工業廃水の増大ばかりでなく，森林伐採や農地整備にともなう土砂の流入もあげられる．さらに地球温暖化の影響を受けて発現すると考えられているサンゴの白化や大気中二酸化炭素濃度の上昇に伴う海洋の酸性化も，ごく最近懸念されるようになった深刻な問題である．

　一般に貧栄養海域に分布するサンゴ礁生態系にとって，リンや窒素などを含む生活廃水の流入による富栄養化の影響は深刻である．サンゴ礁海域の富栄養化により，藻類は異常繁殖し，サンゴ類の被覆度は減少，サンゴ骨格の石灰化速度が減退し，骨格中に空隙が生成するなどの成長異常現象が報告されている．また，多量の懸濁物の流入は，共生藻の光合成に必要な日射を遮りサンゴの成長を遅らせる．さらに，東南アジアなどの発展途上国の一部では，ダイナマイトや毒物を使用した漁がサン

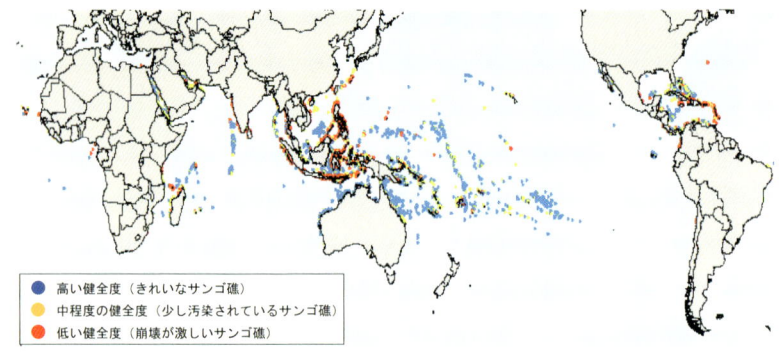

図1 世界のサンゴ礁の健全度－熱帯～亜熱帯の汚染－（文献9）

ゴ礁で行われている．このように，陸・海域における様々な人間活動によって，沿岸海域への環境負荷要因が複合し，サンゴ礁海域の汚染と荒廃は近年著しいものとなっている（文献10）．

　サンゴ礁環境の悪化とその生態系への影響に注目するとき，歴史的視点は重要である．特に人間活動の活発化とサンゴ礁環境の悪化の因果関係を解明することは，今後の環境保全策の策定・検討にとって重要であると考えられる．大型の塊状サンゴ群体の骨格は，このような目的のために利用できるものとして注目されている．サンゴは，体内に共生する共生藻の光合成産物などをエネルギー源として，炭酸カルシウムの骨格を形成しながら成長する．このとき，周囲の水温や塩分などの環境因子や海水の各種化学成分などがこの炭酸カルシウムの骨格に記録される．ハマサンゴ属などの塊状サンゴでは，骨格に交互に生じる高密度，低密度のバンドを対にして年数を数えることが可能であり，サンゴ年輪とよばれている（図2）．これを用いることで，これまでの過去数十年から数百年の海水温変動や，塩分・日射量変化などを年単位，月単位の時間分解能で復元することが可能となる．水温や降水量の指標として測定されてきた酸素同位体比に加え，骨格中のストロンチウムやマグネシム，ウランなどの元素も，そのカルシウムとの比が，骨格生成時の海水温の間接指標となることがこれまでに明らかにされてきている（文献11, 12）．このような過去数百年間の記録を復元しうる大型の塊状サンゴは，海洋汚染やサンゴ礁環境の悪化の変遷の解明にも有効である．

　サンゴ骨格中の微量元素を用いて，サンゴ礁の環境悪化や海洋汚染の影響を明らかにした研究例が今までに多数報告されている．ここでは，

図2　環境を記録する塊状サンゴ（ハマサンゴ属）

（1）富栄養化，（2）局所的な汚染，（3）広域的海洋汚染の3つに分類して，それぞれ代表的な研究例を紹介する．

■ 富栄養化とサンゴ礁

　海域毎の富栄養化の違いを明らかにするため，大西洋のバミューダとバージン諸島サンクロワおよびオランダ領キュラソーの浅海域から，2種のサンゴの柱状試料（コア）を採取し，栄養塩の指標となる骨格中のリン濃度を測定した研究がある（文献13）．過去6～8年分のサンゴ骨格を分析した結果，同じ海域でも下水の影響を受けている地点では骨格中のリン濃度が高く，比較的良好な環境にある地点では濃度が低いことが分かった．よって，骨格のリン濃度は海水中のリン濃度を反映しており，海域による富栄養化の程度の比較や，経年変化を明らかにする指標となりうると指摘している．

　カリブ海のトバコ浅海域において，ボッコリーフとコルドン湾からサンゴを採取し，骨格中のリン濃度の経年変化を分析した結果がある（文献14）．測定の結果，ボッコリーフは陸域からの廃水の影響を受けているのに対し，コルドン湾では汚水の影響がほとんどみられなかった．採取されたサンゴ骨格のコアはそれぞれ24年，31年分であり，ボッコリーフで1年毎，コルドン湾で2年毎にリン濃度が測定された．その結果，コルドン湾ではリン濃度に大きな変化が見られないのに対し，ボッコリーフでは，流域の家畜頭数の変化，人口増加，観光業の発展の時期に対

応したリン濃度の変動が見られた．このことから，ボッコリーフのサンゴ骨格におけるリン濃度の変動は，この海域における富栄養化の影響を受けていることを示すものと解釈された．

■局所的な海洋汚染とサンゴ礁

　紅海に面したサウジアラビアのユダウ周辺の，淡水化プラントの廃水の影響を受けている海域と，プラントより離れて影響がないと思われる海域から，3種類のサンゴを採取し，微量元素13元素を測定した研究がある（文献15）．その結果から，3種のサンゴともほぼ全ての元素について汚染海域のサンゴの方が骨格中の各種元素濃度が高かった．プーケット島浅海域のサンゴ骨格から高濃度の鉄を検出し，沿岸に立地しているスズ精錬所の影響であると指摘した報告もある（文献8）．インドネシアとモルジブの計7地点からポリテス属のサンゴを採取し，各海域の汚染源の種類・程度と骨格中の元素濃度の比較を行った研究では，サンゴ骨格中に，船底塗料に含まれる銅やスズが高濃度にみられるほか，陸源の人間活動を反映した元素が骨格中から検出された（文献16）．

　各種重金属元素と並んで，危険化学物質として知られているのがノニルフェノール（NP）やビスフェノールA（BPA）などの内分泌撹乱化学物質（いわゆる環境ホルモン）である．これらの物質は野生動物や人の内分泌作用を撹乱し，生殖機能障害などを引き起こす可能性があることが指摘されている．これまで環境ホルモンの研究は先進国の人口密集地帯や工業地帯など高い汚染が予想される地域で行われてきた．一方，見た目にも「きれいな」サンゴ礁およびその隣接域でも汚染が進行しているのであろうか？　この問いに答えるため，沖縄本島と石垣島のサンゴ礁と近隣の河口域で調査が行われた．その結果，両島において人口密度が低い地域では，ほとんどNPとBPAは検知されなかった．しかし，サンゴ礁内に位置する測点で比較的高濃度のBPAが検出された．市街区域を流れ，サンゴ礁に非常に近い場所に流れ込む河川の堆積物でも高濃度のBPAとNPが認められた．その値は，日本を含め先進国の市街区域と比較するとずっと低く，汚染度も低いと言える．とは言っても，環境ホルモンによる汚染は，沖縄本島や石垣島のサンゴ礁生態系にも及んでいると考えられ，一般的に「きれいだ」と思われているサンゴ礁でも環境ホルモンの汚染が始まっている可能性が示唆されている（文献17）．

　サンゴ礁の崩壊の要因の一つに，陸上の土壌など堆積物の流入があり，

沖縄などでは「赤土問題」として知られている．この土壌流出の指標としてサンゴ骨格中のバリウムが指摘されており，オーストラリアのグレートバリアリーフから採取された過去200年以上の記録を有する長尺サンゴコアのバリウムを測定した結果では，1870年以降の洪水時にそれまでの5〜10倍もの堆積物のサンゴ礁への流入が認められた（文献18）．1870年頃はオーストラリアにヨーロッパ人が入植し始めた時期と一致するため，ヨーロッパ人による土地改良や過放牧により土地が荒廃し，それまでのように洪水による土壌流出を自然に食い止めることができず，結果として沿岸のサンゴ礁域に土砂が大量に流れ込んだと考えられている．サンゴ礁海域への大量の土壌流出は，サンゴの表面を土砂が覆ってしまうという物理的なストレスとともに，海水が濁ることにより，光が届かず光合成が十分に行えない，という悪影響をもたらす．

このように，陸域における土地開発／改良や人間活動の影響が直接的

Column
地球温暖化とサンゴの白化現象

サンゴ礁を形成する造礁サンゴは，炭酸カルシウムの骨格を形成しながら成長しており，表面部分が生体部分にあたる．ここには色素を持った褐虫藻と呼ばれる藻類が共生しており，海水温が異常に高くなるとこの褐虫藻がサンゴから排出される．そうするとサンゴ表面が無色化し，骨格の白い色が透けて見えるので，この現象を「サンゴの白化」と呼んでいる．サンゴは褐虫藻の光合成産物を栄養源としているため，褐虫藻がいなくなるとサンゴは弱ってしまい表面に藻などが生えて，やがて死滅する．ただし白化と同時に死滅してしまうわけではなく，また褐虫藻がサンゴの体内に戻って来ることもあり，そのような場合，サンゴは再び成長を続けることができる．世界的に大規模なサンゴの白化現象は1998年に

図 白化したサンゴ（http://www.gbrmpa.gov.au/）

報告されており，世界最大のサンゴ礁であるオーストラリア・グレートバリアリーフ礁内においては，80％以上ものサンゴが白化の影響を受けていると報告された．この年は大規模なエル・ニーニョ現象が起きていたため，それに関連した海水温の高温化とサンゴの白化が関係していると考えられている．

（井上麻夕里）

に周辺の沿岸域に及んでいるということをサンゴはその体に記録しているのである．

■広域的海洋汚染とサンゴ礁

　河川などを経由して直接沿岸域に流れ込む汚染物質に加え，大気を経由してより広域に広がる海洋汚染について，大西洋のサンゴを用いた研究が進んでいる．

　大西洋・バミューダから14km北に位置するサンゴ礁であるノースロックからサンゴの柱状試料を採取し，過去100年以上にわたる鉛濃度の変動を測定した結果がある（文献19，20）．サンゴ骨格の鉛濃度は，1910年ころから増加し，一旦減少した後に，1960年頃に再び上昇しているが，これは1910年頃から活発になったアメリカの工業化，1960年前後からガソリンのアンチノック剤として使われるようになった鉛の消費量増加とその減退が記録されていると考えられた．

　同じくノースロックから採取したサンゴコアについて，カドミウム濃度を測定したところ，北アメリカにおける亜鉛精錬に伴うカドミウム排出の歴史的変化と，サンゴ年輪に刻まれたカドミウム濃度がほぼ一致していた（文献21）．工業統計によると，1910年から亜鉛の生産が急増し，1932年の世界恐慌時に激減しており，これに対応した骨格中のカドミウム濃度の変動が認められた．その後，亜鉛生産は1970年代まで増加しているものの，公害除去システムの確立と普及により，放出されるカドミウムが減少し，その結果，骨格中のカドミウム濃度が低下したと考えられている（図3）．

　アメリカ・バージン諸島のサンクロア沖からサンゴ（学名 *Montastrea annularis*）の柱状試料を採取し，過去26年間のサンゴ骨格中の鉛濃度を測定した（文献22）．骨格試料は陸域からの廃水や浚渫の影響を受けるランドリーフと，汚染されていないバック島より採取し，それぞれの鉛濃度の経年変化が明らかにされた．ランドリーフでは，バック島より平均で5倍も高い濃度が報告されており，ランドリーフの方が汚染の影響を受けていることが確認された．また，汚染の影響がほとんどないとされるバック島においても，1955年から1980年にかけて，わずかな濃度の上昇が認められているが，これは製錬所の稼働やガソリンの消費量増加による，世界的な鉛汚染の影響だと解釈されている．このように海洋の鉛，カドミウム汚染に関しては，北アメリカの工業化を中心として，

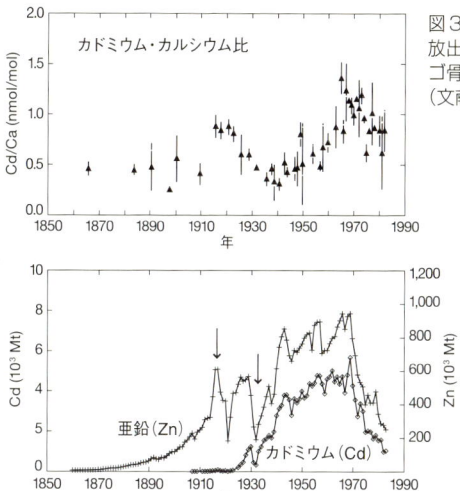

図3 アメリカにおける亜鉛精錬に伴い放出されたカドミウムの指標としてのサンゴ骨格中のカドミウム変動（バミューダ）（文献21）

広範な海域への影響がサンゴ骨格にも及んでいると報告されている．

■人が変わると海も変わる⁉ ─環境政策と海洋環境の回復─

　これまで見てきたように，工業活動や日々の生活を通して，私たち人間は様々な有害（汚染）物質を環境中に排出している．しかし，それでは海洋環境は悪くなる一方なのであろうか？　上述のバミューダのサンゴ骨格中の鉛濃度は，1970年以降減少している（文献19）．ガソリンの性能を上げるために添加されていた化学物質であるアルキル鉛は，環境や人体への悪影響を考慮して，アメリカや日本を始め多くの国で1970年代以降，その使用が規制されるようになった．バミューダのサンゴに見られる鉛濃度の減少はこの規制を反映したものと考えられている（図4）．また，筆者はミクロネシア連邦ポンペイ島のサンゴ骨格から，約40年間分の船底塗料中の防汚剤としての主要元素である銅とスズの測定を行った（文献23）．その結果，サンゴ骨格中の銅とスズ変動が，危険化学物質であるトリブチルスズ（TBT）化合物の船底防汚剤としての使用経緯と類似していることが分かった（図5）．ここで注目したいのは，TBTは環境ホルモン様作用が疑われていることから，1990年代以降，その使用が規制されるようになったことで，そのTBT規制にともない，骨格中の銅とスズ濃度が減少しており，水質が改善されている様子がうかがえ

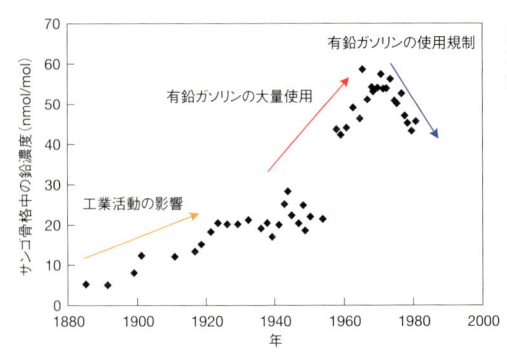

図4 バミューダ諸島より採取された塊状サンゴの骨格に含まれていた鉛の経年変化（文献19）

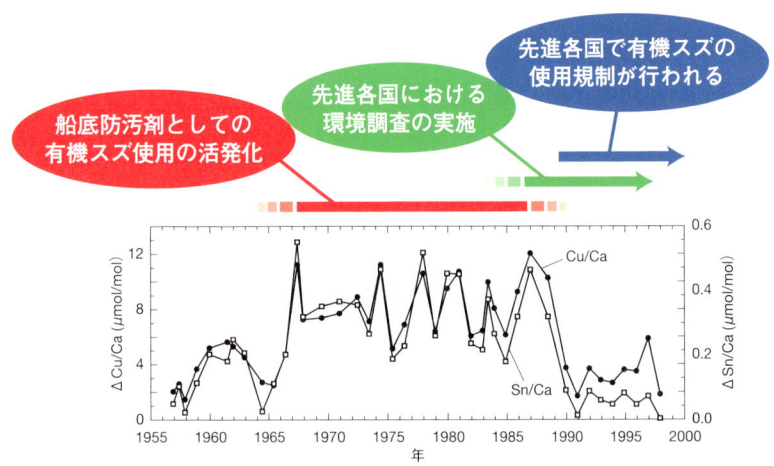

図中ラベル：有鉛ガソリンの使用規制／有鉛ガソリンの大量使用／工業活動の影響

図5 ミクロネシア連邦・ポンペイ島のサンゴ骨格中の銅・カルシウム比（Cu/Ca），およびスズ・カルシウム比（Sn/Ca）の変動（文献23）

図中ラベル：船底防汚剤としての有機スズ使用の活発化／先進各国における環境調査の実施／先進各国で有機スズの使用規制が行われる

る．これらはまだ追跡調査が必要なものの，このような環境政策や人間の努力が環境の回復に役立っていることも事実である．

Column
大気中二酸化炭素濃度の上昇と海洋の酸性化

　産業革命以降の地球は，少なくとも過去65万年以上味わったことのない高い大気中二酸化炭素濃度におおわれている．この原因は化石燃料の燃焼など人間活動によるものと考えられている．水蒸気やメタンとともに二酸化炭素も温室効果ガスなので，現在深刻な問題になっている地球温暖化に二酸化炭素が深くかかわっている．一方で，大気中の二酸化炭素は海洋に溶け込む．つまり単純に考えると，このまま大気中の二酸化炭素濃度が高くなると，海洋に溶け込む二酸化炭素の量も増えることが予想される．海水はもともと pH 8くらいのややアルカリ性を示すが，このまま大量の二酸化炭素が海洋に溶け込むことにより，海水が酸性化することが現在懸念されている．海洋には，たとえば二枚貝やサンゴのように炭酸カルシウムの殻や骨格を持つ生物がたくさんいるので，海洋が酸性化するとそれらが溶けてしまう可能性があり，それが温暖化と並んで深刻な問題となっている．

（井上麻夕里）

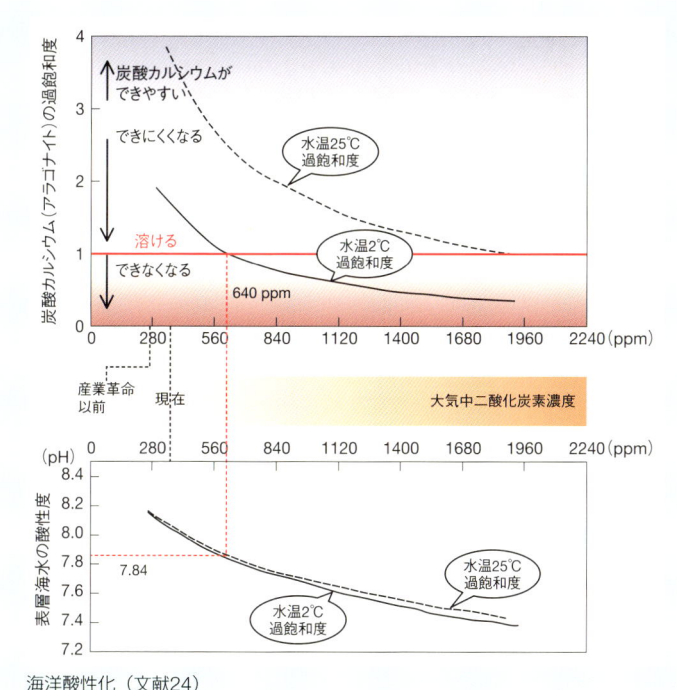

海洋酸性化（文献24）
国立環境研究所　地球環境研究センター　ココが知りたい温暖化
http://www.cger.nies.go.jp/ja/library/qa/6/6-1/qa_6-1-j.html をもとに加筆

4．生命と環境のつながり合い

塚本久美子・渡部裕美

■海の生態系

　地球上には，数限りない生命が息づいている．その生命一つひとつは生物に宿り，その生物たちは地球上で，次代に生命をつなげていく．私たちのこの美しい地球は，生物と生物たちを取り巻く環境との微妙なバランスの上に形づくられている．このように，生物と，生物を取り巻く環境がお互いに関係し合っているシステムを，「生態系」とよぶ．生態系には，地球のように大きなものもあれば，金魚鉢のように小さなものもある．もっと小さな目で見れば，私たちの体の中にもたくさんの微生物が生きていることから，私たちの体を1つの生態系を見なすこともできるかもしれない．このように，ある生物が別の生物の環境になっているような場合もある．生態系という単位は，私たちが何に注目するかによって私たちの身のまわりに無数に存在する．

　それぞれの生態系の中を見てみると，生物同士は，食う-食われるの関係「食物連鎖」でつながっている（現在，食う-食われるの関係は生態系の中で複雑に絡み合っていることがわかっているので「食物網」という言葉を使うのが一般的であるが，ここでは食う-食われるによって有機物が受け渡しされることを食物連鎖とよぶことにする）．例えば植物は，光合成により，太陽光と水と二酸化炭素と，環境中の窒素やリンなどの栄養塩の助けをかりて栄養（有機物）をつくる．その植物を動物が食べ，動物の糞や死骸を微生物が分解し，窒素やリンなどに変えて，環境中に放出する．その窒素やリンが，再び植物により利用され，つくられた有機物を動物が食べ……　このように生態系の中では，生態系の大きさにかかわらず，食物連鎖がたえず回り続けている．

　私たちの住んでいる陸上では，植物というと草木が一般的である．草木が，陸上の生物の命を支える有機物をつくる．では，海の中ではどうなっているのだろうか？　海にも海草類がたくさん生えているが，海の生物の命を支える有機物をつくっているものの多くは，主に海水中に漂

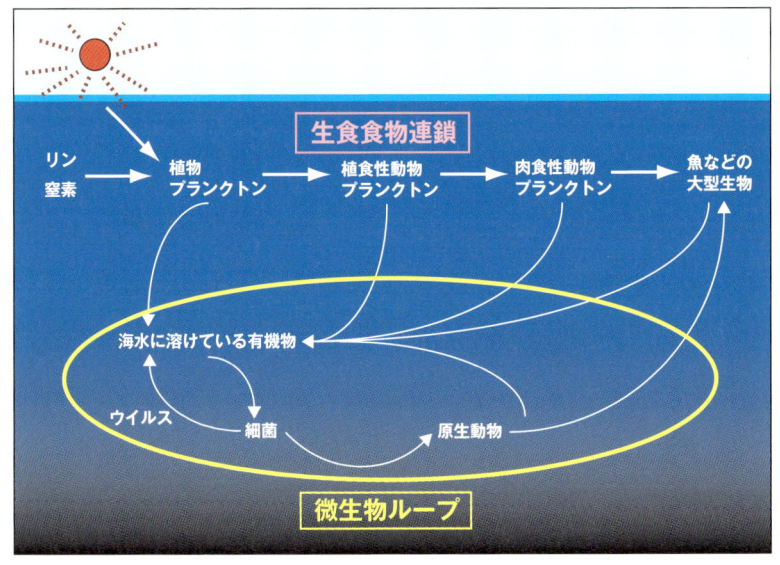

図1 海洋の食物連鎖

う微小な植物プランクトンである．植物プランクトンは，太陽光と二酸化炭素，海にとけ込んでいる栄養塩を利用して有機物をつくる．そしてこの有機物は，植物プランクトンを食べる植食性動物プランクトンから肉食性動物プランクトン，そして魚などの大型生物へと渡る．海の食物連鎖の大部分は，顕微鏡でしか見ることのできないような微生物が回していることがわかっている．これを微生物ループとよぶ（図1）．

　地球表面の生態系は，大きく陸の生態系と海の生態系の2つに分けることができる．この2つの生態系は，河川の生態系などによってつながっており，明瞭に区別することはできない．ここでは海の中の生態系を見ていくことにしよう．海の生態系はさらに細かく分けることができる．たとえば陸地からの距離によって「沿岸生態系」と「外洋生態系」に分けられる．さらに「沿岸生態系」の中も，潮の満ち干きによって陸上となる時期がある部分を潮間帯，干上がることのない部分を潮下帯と区別できる．また，食物連鎖の中でも有機物を作りだす方法によって，「光合成生態系」と「化学合成生態系」などに分けられる．「光合成生態系」とは，植物のように光合成により有機物をつくり出す生物がもとになる生態系で，「化学合成生態系」とは，光合成以外の化学反応により有機

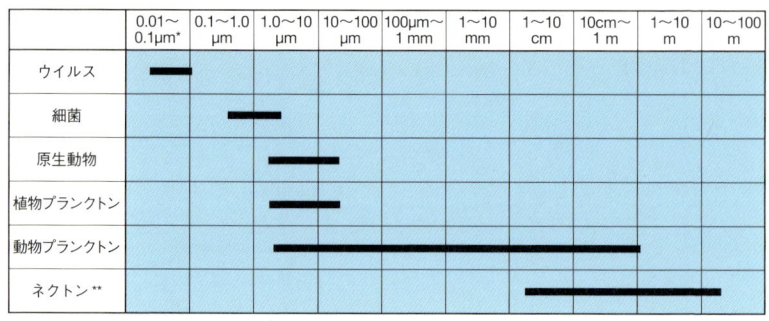

	0.01～0.1μm*	0.1～1.0μm	1.0～10μm	10～100μm	100μm～1mm	1～10mm	1～10cm	10cm～1m	1～10m	10～100m
ウイルス	▬									
細菌		▬								
原生動物			▬							
植物プランクトン			▬							
動物プランクトン				▬▬▬▬▬▬▬▬▬▬						
ネクトン**								▬▬▬▬▬		

*μm: マイクロメートル (1000μm＝1mmとなる)　　**魚類, イルカ, ウミガメなどの遊泳生物

図2　海の生物とそのサイズ

物をつくり出す生物がもとになる生態系である．たとえば，深海底の温泉（熱水噴出孔）周辺では，バクテリアが熱水に含まれる火山性の無機物を使って有機物をつくり出すことにより，食物連鎖が回っている（p.40参照）．

　例外として，食べる，食べられるの関係のない生態系もある．「寄生」あるいは「共生」関係を築いている生物の生態系である．寄生とは，ある生物が別の生物の中に入り込んだり，表面に付着するなどして栄養を搾取する関係を指す．一方で，共生とは生物同士が，お互いに相手にとって必要なものを提供している関係である．熱帯の浅い海で生きる造礁サンゴと褐虫藻の共生を例にあげよう．褐虫藻は，サンゴ，イソギンチャクなど海産無脊椎動物に共生する10μm（1μmは1mmの1/1000）ほどの大きさの渦鞭毛藻の仲間で，光合成によって有機物を作ることができる．熱帯では，光合成を助ける栄養塩が少ないため，サンゴは褐虫藻に住処と栄養を提供し，その代わりに褐虫藻の作った有機物を得ているのである．共生関係にある生物では，有機物の受け渡しは行われているが，食う-食われるの関係ではないので，食物連鎖は回らない．

　このように海には大小様々な生態系があり，それらが複雑にからみ合っている．さらに，海の生態系は決して閉じたものではなく，私たちの生活する陸の生態系とつながっており，お互いに影響を与え合っている．私たちの暮らす地球の生態系をより良く保つためには，地球表面の大部分を占める海の生態系を理解する必要がある．生態系の側面の1つである環境については，別章に任せるとして，ここでは海の生物の暮らしぶりについて紹介していきたい．

■ 海の生物の暮らし（微生物編）

　海の生態系は，どのような生物によって構成されているのだろうか？海には，私たちが普段目にする魚や海藻などだけでなく，顕微鏡を使わなければ見えないような微生物も生きている．ここでは，私たちが普段目にすることのできない海の微生物の暮らしについてみてみよう．

　そもそも顕微鏡を使わないと見えない「微生物」とは，どのくらいの大きさなのだろうか？　一般には，ほぼ1 mm以下で，肉眼ではほとんど見ることのできない生物を微生物とよぶ．つまり，「微生物」とは特定の分類群を指す言葉ではなく，ただ"微小である"という特徴だけが共通のグループである．海に生きる微生物には，ウィルス，細菌，原生動物など，色々な種類の生物がいる（図2）．海の中で最も小さい微生物は，ウイルスである．ウイルスのサイズは数十 nmほどで，大きいものでも数百 nmほどしかない（1 nmは1 mmの100万分の1）．ウイルスは一般的に使われる光学顕微鏡では見ることができないので，観察には数 μm という小さなものを見ることができる電子顕微鏡を使用する．ウイルスは，沿岸海域では1 mlの海水に，約1000万個，海水に溶けている有機物が少ない外洋でも10万個も存在しており，海洋で最も数の多い生物である（1 mlとは，ティースプーンですくえる液体の約1/5の量）．実は，正確には，ウイルスは生物には含まれない．なぜなら，生物の定義である分裂や繁殖によって子孫を残す力（自己増殖能力）を持たないからである．しかし，海洋で最も数の多いウイルスを語らずしては海の生態系の全貌を知ることができないので，ここでは生物の仲間として紹介することにした．なお，後に述べる細菌（バクテリア）は，分裂によって増殖することができるので，生物である．ウイルスは，それだけでは増殖できないが，他の生物（宿主という）に感染し，宿主の助けをかりて自分を増やすことができる．そのため，ウイルスは生物と非生物の中間体と考えられている．宿主の体内で増殖したウイルスは，いずれ宿主を破壊し死滅させる．海に漂う細菌の約3割がウイルスに感染しているという報告もある．宿主から海水中に放たれたウイルスは，海で漂ううちに偶然出会った細菌やプランクトンに再び感染し，生き続ける．ウィルスは，他の生物なしでは生きていくことができないのである．

　では，細菌は，どのようにくらしているのだろうか？　海に生きる細菌の大きさは，1 μm以下である．数は，沿岸の海水では1 mlに約100

4．生命と環境のつながり合い

万個，外洋では1万個で，ウイルスの約1/10である．海洋の細菌は，ほとんどが植物プランクトンの生産した有機物を利用し増殖する従属栄養細菌とよばれる種類だが，中には植物のように光合成により有機物をつくったり，他の生物では利用不可能なメタンや硫化水素といった化学物質を利用し増殖したりすることのできる独立栄養細菌とよばれる種類もいる．細菌は，このように地球上に存在する様々な物質を利用し増殖する能力を持つため，極限環境とよばれる場所も含め，地球上のあらゆる環境で生きている．海の生態系の中での細菌は，プランクトンや魚などの死骸や糞を分解し，有機物あるいは無機物として海洋へ戻す分解者としての役割を持つ．また，海水中の有機物を利用して増殖し，原生動物の餌にもなり，海の微生物ループの中心的な役割も担っている．

　原生動物とは，自分で動くことのできる微小な生物の総称で，海には

Column
光るバクテリア

　自ら光る能力を持つ「発光細菌」とよばれるバクテリア（細菌）がいる．世界で24種知られているが，そのうちの21種が海洋のバクテリアである．発光細菌は，常に光りを放っているが，明所ではその光を見ることはできない．透き徹るような青く美しい光を見ることができるのは，暗黒の世界だけである．

　海の中で太陽の光がとどくのは，外洋のほとんど透明に見える海水でも深さ200m程度であり，東京湾や大阪湾のような沿岸では10mに満たないこともある．海の平均深度は約3,800m

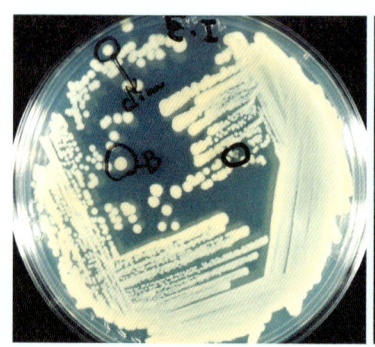

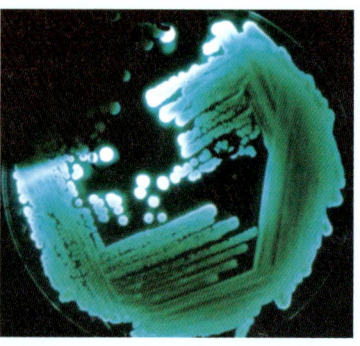

寒天上の発光細菌の群落．左：明るいところで見たところ．右：暗室で見たところ．発光細菌の光りが見える（写真提供：和田実）．

鞭毛虫や繊毛虫とよばれる種類など，たくさんの分類群に属する原生動物がいる．鞭毛虫は一本から数本の鞭毛を持ち，これを使って泳ぐ．繊毛虫は細胞表面の全体あるいは一部に繊毛とよばれる細かい毛を持ち，これを使って移動したり食物を取り入れたりする．原生動物は，沿岸では1 mlに約1000匹ほどが生息する．

　このように，海には私たちの目には見えないたくさんの微生物が暮らしている．ウィルス，細菌と聞くと，病気や食中毒の原因となる何か恐ろしい生物のように感じてしまうが，どの生物も海の生態系を構成する大事なメンバーなのである．ウィルスや細菌が大型生物の死骸や糞を分解し植物プランクトンの使える無機物に変えてくれなければ，海の食物連鎖は回らず，生態系は維持できない．私たち陸上の生物を含め地球上の生物は，このように目に見えないような小さな生物にも，知らないところで助けられて生きているのである．

なので，海の大部分は暗黒の世界だということがわかるだろう．暗黒の世界では光は注目され，光を放つ発光細菌は魚に食べられる．食べられた発光細菌は，魚の体内という安定した生活環境を得ることに成功する．このように発光細菌の光る能力は，自らの命を永らえる武器として使われている．

　発光細菌にすみかを与えている魚は，発光細菌の放つ光を使って，餌やパートナーをおびきよせる．発光細菌と魚の持ちつ持たれつの関係は，共生関係といわれる．発光細菌が共生関係を持つ魚名と，それぞれの魚の発光細菌のすみかの位置を下の図に示す．それぞれの魚によってすみかの位置は様々であり，共生している発光細菌の種類も魚により異なる．　　　（塚本久美子）

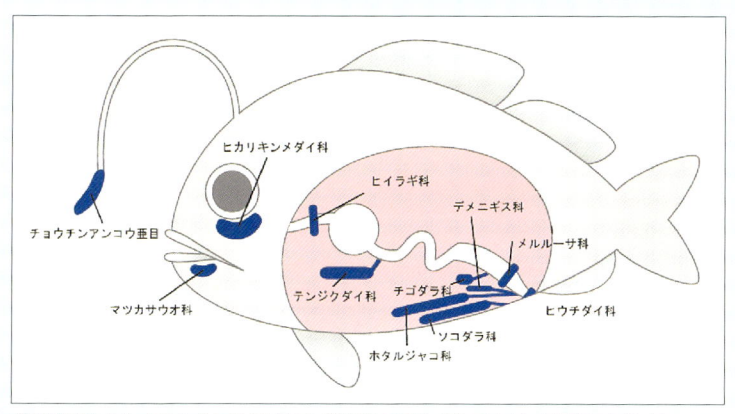

発光細菌を共生する魚名とそれぞれの発光器の位置（青で示す）（文献25を改変）．

4．生命と環境のつながり合い

■ 海の生物の暮らし（大型生物編）

　海に生きる微生物の多くは，1つの細胞が1つの生命となる単細胞生物である．目に見える比較的大型の生物の多くは，多細胞生物といい，複数の細胞が協力して1つの生命を形づくっている．そのため，単細胞生物である微生物とは生活の仕方が大きく異なる．ここでは，私たちの目に見える大型生物が海でどのように暮らしているのかを見てみよう．

　生物がどのように生まれ，どのように成長し，どのように子孫を残し，どのように死んでいくのか，という，生物が生まれてから死ぬまでの一連の流れを「生活史」というが，海の生物の生活史は非常に多様である．卵あるいは子どもの産み方ひとつをとっても，色々な方法がある．哺乳類や甲殻類のように，オスとメスが交尾をして受精卵を形成し，発生が進むまでメスが受精卵を保護するもの，爬虫類や巻貝のように，交尾後，受精卵を海や海岸に産みつけるもの，魚類や二枚貝のように，交尾を経ずに，オスは精子を，メスは卵を海水中に放出して海の中で受精卵を形成するものなどがある．海の中に産みつけられた受精卵は海底に付着したり，海水中を漂いながら成長する．やがて卵は親とは全く異なる形をした「幼生（昆虫でいう幼虫）」として孵化する．幼生にはトロコフォア，ベリジャー，ノープリウスなど様々な形態を持つものが知られている．親とはあまりにも異なる形をしていることから，過去には別の生物として記録されていた時代もあった．この幼生たちは海流に乗って，海の様々な環境へと広がっていく．アオムシからサナギを経て蝶が羽ばたくように，幼生も1回以上の変態（昆虫と同じ甲殻類の場合は脱皮ともいう）を経て，親と同じ形になる．そして，親と同じ形になるときに，一部の生物は海水中を漂う生活をやめ，魚のように海の中を自由に泳ぎ回ったり，貝のように海底に留まったりする生活を始める．

　海の生物の生活場所は，大きさにかかわらずおもに3つに分けることができる．アサリやナマコなどのように海底上で生活している動物や，ワカメやフジツボのように海底に付着して生活している動植物をベントス（底生生物）とよぶ．魚の子ども（稚魚）をはじめとする多くの海洋生物の幼生やクラゲ，珪藻，細菌などのように海を漂っている生物のことをプランクトン（浮遊生物）とよぶ．イカやマグロ，イルカ，ウミガメなどのように積極的に泳ぐことができる生物のことをネクトン（遊泳生物）とよぶ．海の生物は，先に述べたように，成長に伴ってベントス

からプランクトンになったり，プランクトンからベントスになったりする．ベントスは，一般的に海の中を移動することは少ないと考えられているが，プランクトンやネクトンは，いろいろなスケールでまたいろいろな理由で海の中を広く移動することが知られている．

では，海の生物はどのくらいの時間でどのくらいの距離を移動することができるのだろうか？　具体的にみていくことにしよう．

プランクトンには，1日の間に数百mもの水深を上がったり下がったりするものがいる．この移動は「日周鉛直移動」と呼ばれており，プランクトンが昼に深部に移動し，夜に浅部に移動する現象である．しかし，全く逆の移動をする生き物もいるし，性別や大きさによって移動の

Column
ドレッジとトロール

いずれもベントスを採集するための機材で，金属製の間口に網が取り付けられた底曳網ドレッジは間口が50 cm程度．ビームトロールは間口が2-4 m程度で，対象生物や水深によって使い分けている．

ドレッジやトロールを使った調査で一番難しいのは，生物を採集している間，海底でどのようなことが起こっているのかをほとんど知ることができないことである．私たちが船の上で得ることができる情報は，海底の機材から送られてくる音波と，機材をひっぱるワイヤーの張力のみである．音波からは，機材が水深何mにいるのかを推測することができ，ワイヤーの張力からは，機材が海底に到達しているかどうかを推測することができる．そのため，使用中に海底付近で思いがけず強い流れに出会ってしまい，生物を採集できていないこともある．船の甲板でどんな生物が採集されているのかウキウキ待っていると，空っぽの網が海の

海底から底曳網ドレッジを引き上げる

中から釣り上げられ，がっかりすることもある．一方，パンパンに膨らんだ網が上がってきたとしても油断はできない．このような時は，生物だけでなく，海底に沈んでいるゴミを収集してくることもある．もちろん，このような失敗ばかりではないが，深海の生物の暮らしぶりを調べるのは，色々な意味でドキドキの連続である．

（渡部裕美）

図3 左：ネンブツダイの群れ，左下：ミノカサゴ，右下：ホウボウ

(写真提供：益田玲爾)

パターンが異なる生き物などもおり，なぜ移動するのかが明らかになっていないものが多い．またこのような移動を，より長い周期，たとえば季節に応じて行うプランクトンもいる．いずれにしても，体長1cm以下の小さなプランクトンでも数百mの水深を上下し，その圧力変化に応じることができるのである．鉛直移動をする生物は，移動中や移動先でも餌を食べたり糞をしたりする．そのため，鉛直移動は単に生物が動くだけでなく，有機物を運ぶという効果もある．この効果は「生物ポンプ」と呼ばれ，世界中の海の中の物質の移動に影響を与えていると考えられている．

　ネクトンでも，成長や環境の変化などと同調して海の中を広範囲にわたって移動することがある．このことを「回遊」とよび，海の生物では，クジラやウミガメが繁殖に合わせて回遊することがよく知られている．日本人になじみの深いウナギやカツオなど多くの魚類も，赤道域から日本周辺海域にかけて回遊する．なかでもウナギやサケ，アユなどの回遊

の範囲は海に留まらず，川まで遡る．川と海とは，物理的にはつながっているものの，環境は大きく異なる．最も違う点は，水の塩分濃度である．海水には約3％の塩分が含まれているのに対し，川の水には塩分は含まれない．この海と川の違いは，私たち生物の体が水分などを透過させる膜によって環境と区別されているという特徴に大きな影響を与える．生物の体は，細胞からなり，細胞はどれも細胞膜に包まれている．この細胞膜は，半透膜という，水は通すがナトリウムイオンなどは通さないという特徴をもった膜である．すると，膜の内側と外側で塩濃度が異なった場合，その濃度を等しくしようと膜を介した水の移動が起こる．ほとんどの脊椎動物では，体内の塩濃度が海水の約3分の1に保たれているので，海の中では体から水が出ていこうとし，川の中では体の中に水が入ってこようとする．そのままでは死んでしまうので，海産あるいは

Column
プランクトンネット

海水中のプランクトンを採集する機器．ネットの網目は，採集対象となる生物によって異なり，植物プランクトンの採集では約100μm，動物プランクトンでは約300μmを使用するのが一般的．手で扱う「手曳きネット」から研究船のウインチで使用する直径3mの大型ネットまで，用途により様々なサイズがある．

プランクトンネット

プランクトンネットによる調査は，海の状況に大きく左右される．ネットの目合いが1mm以下と，非常に繊細であるからである．限られた調査日程の中で，どうしてもサンプルが欲しくて，無理にプランクトンネットの調査を行うと，繊細なネット地がビリビリに破けてしまったり，ネットとウィンチをつなぐロープが切れてしまったりする．また，たとえ海が穏やかであったとしても，思いがけないことが起こることがある．プランクトンネットは比較的ゆっくり曳網するので，遊泳能力が高いネクトンが採集されることはあまりないのであるが，小型のダルマザメの仲間がプランクトンネットに捕えられてしまい，ネットに噛み付いて穴をあけた上に，コッドエンド（ネットの末端でプランクトンを回収する部分）に頭を突っ込んで，船の上に上がってきたことがある．ネットはダメになってしまったが，ダルマザメの仲間は，しばらくの間，実験室で乗船者にかわいがられていた．　　（渡部裕美）

海や川を回遊する脊椎動物には，塩濃度の差による水や物質の出入りを調整するさまざまなしくみが備わっている．

■極限環境の生物

　海には，人間から見て，とても生物が住んでいるとは思えないような環境がある．たとえば，深海は暗黒で，低温，そして最も深い海であるマリアナ海溝では1,000気圧以上もの高い圧力がかかる．このように生物の生存は困難だと考えられる環境のことを「極限環境」とよんでいる．陸上では，気温，天候，気圧などが変化するが，海の中では，塩分濃度，水圧，水温が変化する．極限環境では，これらの環境因子が極端に高かったり低かったりする．海の生物は，もちろん，このような極限環境でも生きている．ただ，極限環境に生息する生き物にとっては，極限環境こそが生存に適した環境であり，彼らから見れば，私たちの生息する陸上の環境の方が極限環境ということになる．たとえば，海の生物の多くは鰓を使って水の中で呼吸することに特化している．つまり，私たちが生活している陸上で呼吸することは非常に難しい．私たちの身近な海のひとつである砂浜や岩礁域は，潮の満ち引きによって海水中に水没したり，空気中に干上がったりする．フジツボのように，岩に張り付いたまま動くことができない生物は，潮の満ち引きとともに干上がった場合，空気中で十分な呼吸ができないまま長時間耐えることになる．これは，海から釣り上げた魚が死んでしまうこととも共通する．海の生き物にとって，私たちの住んでいる環境は，極限環境なのである．

　さて，私たちからみた極限環境に暮らす生き物は，どのようにくらしているのであろうか？

　一般的な海の水温は，地球の緯度に沿って−2℃から40℃程度まで変化する．陸上の気温が，−89℃から58℃まで変化することを考えると，海水温の変化は小さい．しかし，「熱水噴出域」と呼ばれる海底火山や温泉のようなところでは，海水が300℃にまで温められることがある．熱水噴出域は水深1000mより深い海底にあることが多く，高い水圧のため水の沸点が上がり，この温度まで海水が温められるのである．また，熱水には生物にとって有毒な硫化水素や重金属元素が含まれているため，ふつうの生物が生きていくのは非常に困難な環境である．私たちがよく知っている陸上の温泉の中には，微生物が住んでいることが知られているが，動物が住んでいることは稀である．しかし，深海の熱水噴

図4 深海熱水噴出域の生物群集 (写真提供：海洋研究開発機構)

出域には，微生物が硫化水素などを利用して有機物を合成し，さらにその有機物を利用して成長する動物群からなる化学合成生態系が形成されている．化学合成生態系の発見以前は，地球上で無機物から有機物を合成して大規模な生態系を構築できるのは光合成生物だけと考えられていた．つまり深海の生物は，地球表面で光合成によって作られた有機物を海底でじっと待っているものばかりと考えられていた．熱水噴出域周辺の化学合成生態系の発見は，高温・高圧の極限環境に生息する生物の発見ということに留まらず，私たちの地球生態系についての認識を改める重要な発見であった．この生態系を構成する生物は，微生物だけでなく，体長2mにも達する巨大なハオリムシという生物や殻長15cmにもなるムール貝の仲間など多くの無脊椎動物であり，しかも高密度で生息していることが知られている（図4）．このような動物のいくつかは，体内に化学合成細菌を共生させて，効率よく栄養を得ていることも知られている．また，これらの動物は，硫化水素の解毒能力を備えていたり，高温に耐えることのできるタンパク質を持っていたりすることが知られている．もちろん，深海の膨大な圧力に耐える能力も持っている．このような動物たちからなる化学合成生態系は，深海の，しかも熱水噴出域やそれと類似する環境のみに分布するために私たちの目にふれることは稀である．しかし世界中に分布する化学合成生態系を構成する動物の類似性は非常に高いので，プランクトン幼生期に化学合成生態系を離れて海の中を漂い，別の化学合成生態系へと渡っていくと考えられている．つまり，化学合成生態系の生物も生活史の一部を光合成生態系の中ですご

していると考えられる．極限環境の奇妙な生態系でも，地球上の他の生態系とつながっているのである．

　この章では，海の生態系をいろいろな側面から紹介してきた．しかし，海の生態系はいつも同じ状態にあるわけではない．私たちが住んでいる陸上と同様，海でも環境は絶えず変化していて，生物の数や生息地も，環境の変化に応じて変化する．そして，環境の変化は，生物の生き方さえも変えてしまうこともある．たとえば，海の生態系で有機物を作る植物プランクトンは，海の生態系になくてはならない生物である．しかし，海に過多に流れ込んだ窒素やリンなどの栄養塩によって植物プランクトンが異常発生し，赤潮という現象を引き起こすことがある．赤潮が起こると水中の酸素濃度の低下や植物プランクトンが生産する毒素のために魚が死に，特に沿岸の養殖漁業が大きな被害を受ける．このように，普段は海の生物にとってなくてはならない働きをしている生物が，環境の急激な変化により海の生物に害をおよぼすこともある．海の生態系では，私たちがよく知る生物のほかにも，多くの生物がくらしていて，それぞれが海の生態系の中で重要な役割を担っている．海の生物の多くは，普段私たちが目にすることがないため存在が忘れられがちであるが，現在あるようにたくさんの生物が海に存在していなければ海の生態系は成り立たない．海は，地球の表面の約7割を占めるほど広大であるため，海の生態系の変化はそのまま地球の生態系の変化を引き起こすと予想される．現在，懸念されている地球温暖化などの環境問題にも，海の生態系は大きく影響していると考えられている．

　では，何か私たちにできることはないだろうか？　まず，今，何が起こっているか知ることが大事である．現在，世界規模で海の生物と環境のつながりあいを明らかにする研究が進められており，海の生物と環境のつながりあいに関する知識は日々蓄積されていっている．この章で述べたように，海と陸の生態系はつながっているし，極限環境の生態系も，決して私たちの生活と無縁なわけではない．私たちは海の生物と環境のつながりあいを理解し，地球のより良い環境作りに役立てていくことが大切なのである．

Column
クジラ類の視覚

　世界中の海洋や河川には，体長3～4mの小型ハクジラ類（イルカ）から，20mを超すヒゲクジラ類（シロナガスクジラなど）までが幅広く生息している．これらクジラ類の中には，エコーロケーションという，音波を発して跳ね返ってきた強さによって物体の位置を知る能力をもつ種が存在する．またクジラ類が音を発してコミュニケーションを取ることも知られている．これは，視界の悪い水中や光の届かない深海に適した能力といえる．では，クジラ類は視覚を利用しているのだろうか．視覚における光を受容する細胞は，眼球にある網膜の中の視細胞とよばれる部分である．この視細胞には，光を受容する桿体と，色を受容する錐体という二つの種類がある．クジラ類については明暗を区別する桿体が存在していることが報告されている（文献26）．はたして，色をクジラ類は識別できるのだろうか．多くの哺乳類は2種類の錐体をもっている．ヒトの場合，青，赤，緑に相当する波長域の3種類を受容する錐体をもつことによって色を識別している．クジラ類に直接聞くことはできないので，錐体の遺伝子が調べることによって色の識別能があるかどうかが推測されている．赤を受容する遺伝子が機能しているので，波長の長いヒトには赤く感じることができる光を利用しているものと考えられている．短い波長のヒトには青くみえる光を受容する錐体があるかどうか，筆者が実際に，世界中に生息するマイルカ科の試料を集めて分析してみた．その結果，調べたどの種でも青を受容する錐体の遺伝子が発現していなかった（文献27）．その他の多くのヒゲクジラおよびハクジラでも，短波長の光を受容する錐体の遺伝子が偽遺伝子化していた（文献28）．現在では，クジラ類が水中生活へと進化したとき，すでに短波長を受容できなかったと推測されている（文献29）．クジラ類では時折スパイホッピングという，水面上に顔を出す行動が見られるが，彼らの眼に陸上はどのように映っているのだろうか．

（小糸智子）

波長と光の関係．別々の波長域を受容する錐体が少なくとも二つあると，波長を区別して色として利用できる可能性がある．私たち人間は，短い波長から長い波長までの間を細かく識別でき，ある波長の光を「色」という概念によって表現している．また，光には直接偏光や円偏光，そしてヒトによっては見ることができない紫外線などの光の特性を利用している動物もいる．これらを巧みに使って「見る」生活をする動物の視覚世界はどのようなものなのだろうか．

御蔵島のミナミハンドウイルカ
（写真提供：江口修）

5. 地球環境の変化を映し出す海

中山典子

　地球環境の変化は，海洋の物理・化学的諸現象に影響を与え，それに支配されている海洋生態系にも影響をおよぼす．多様な生き物を育む海洋環境の仕組みとそれが変化する要因を深く理解することは，将来の地球環境の変化を予測するためにも非常に大切である．地球環境の変化は，私たちの目で直接とらえることの他に，海水中に残された環境変化の記録を調べることで明らかにすることができる．

　この章では，海の基本的な物理・化学的特性を学び，それを通して見ることができる地球環境の変化をとらえてみる．

■水温，塩分—海洋内の物理・化学的過程を表す基本パラメーター

水温　　水温は，海洋環境における物理的，化学的，生物的諸現象に関わる最も基本的パラメーターである．たとえば，海洋内で起こる化学反応速度や，代謝や成長といった生物過程の速度を左右する．重いものは沈み，軽いものは浮くという海水の鉛直方向の動きを決める海水の密度は，水温と塩分および圧力の関数であり，この海水の動きが水柱で起こる化学的・生物的過程に影響をおよぼす．さらに，物質の溶解度は水温の関数であり，生物活動に深く関連する酸素や二酸化炭素などの海面における濃度，つまり大気との交換量を決定する因子でもある．

　地球に届いた太陽光の約半分は海面を通り抜け海洋に吸収される．海洋に届いた太陽光は海水に吸収されて熱に変換され，海水を温める．太陽光の吸収のされ方は，波長によって異なり，光量が1%になる深さは，赤色光で7m，青色光で210mである．

　海洋の表面水温は，一般に，低緯度域で高く30℃を超えている海もあるし，高緯度域の結氷域では海水の氷点−1.9℃に近い海もある（図1）．しかし，その変動幅は陸上の大気温度の変動幅（58℃以上となる北アフリカの夏季から，−89℃程度になる南極地方の冬まで）と比べればずっと小さい．それは大気に比べて海水の熱容量（ある物体の温度を1℃上昇させるのに必要なエネルギー）が大きいためである．

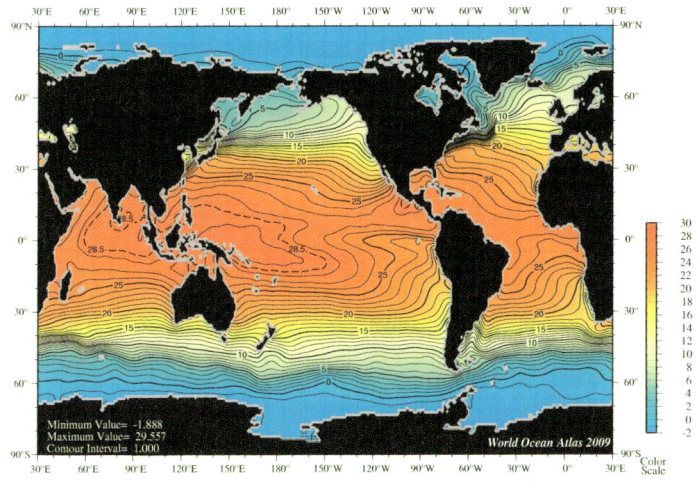

図1 年平均の海洋表面の水温(℃)の分布(文献30より引用)

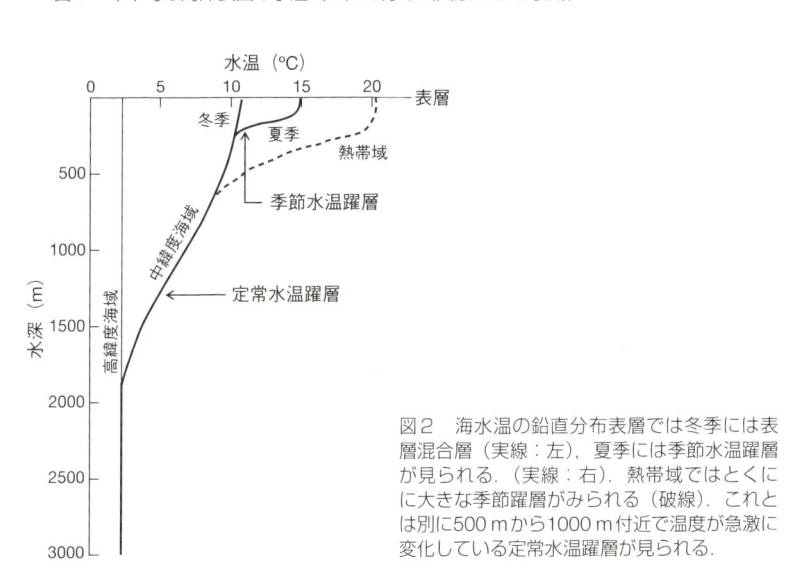

図2 海水温の鉛直分布表層では冬季には表層混合層(実線:左),夏季には季節水温躍層が見られる.(実線:右).熱帯域ではとくにに大きな季節躍層がみられる(破線).これとは別に500 mから1000 m付近で温度が急激に変化している定常水温躍層が見られる.

　水温の深さによる変化をみてみよう(図2).低緯度や冬季の中緯度域では,表層200 m付近まで水温がほぼ一様に分布する層が形成される.これは,風や波によって表面の海水がかき混ぜられるためであり,表層混合層とよばれる.表層混合層の下(外洋では深さ約200〜300 m)から

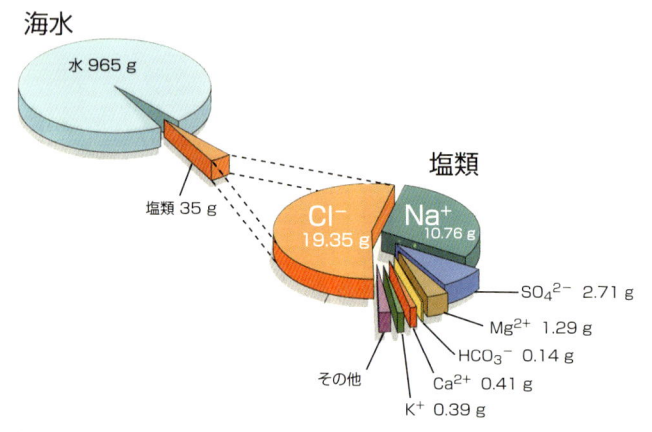

図3 海水中に含まれるさまざまな元素．海水中に溶けている溶存物質のうち，約99％をこの図の塩類の7つの成分で占めている．

1000 m付近にかけて水温は急激に低下する．この層を主または永久水温躍層といい，その温度差は時に20℃にまでもおよぶ．この躍層の下層は水温がほぼ一様な深層水につながっている．深層水では，温度にほとんど季節変動はみられない．一方，表層混合層内の水温は一般に著しい季節変動を示す．春から夏にかけて日射量が増加すると，水温が上昇し，表面混合層中に水温躍層が生じて次第に発達する．このような水温躍層を季節水温躍層という．秋から冬には表面水が冷やされ風が強まるので，海面近くに新たな混合層が生じる．この混合層が対流や波や風によって発達していき，季節水温躍層の深さが次第に深まり，ついには主水温躍層と合体するような形で消滅していく．

塩分 塩分とは，水に溶け込んでいる塩類の濃度のことで，通常，海水1 kg中には約35 g溶けている．そのうちの99.99％を占める主要な塩は，イオンの形で溶解している．この成分のうち，86％が食塩の構成成分であるナトリウムイオンと塩素イオンである（図3）．海洋表面塩分の分布をみてみよう．実はこの塩分は場所や水深によって異なるが，主要成分の組成はどこでもほとんど同じである（図4）．海面からの水の蒸発や海氷の形成による濃縮作用や，河川水の流入，降水（海面への），海氷の融解による希釈作用および海水の流動（水平的，鉛直的流れや拡散）の兼ね合いで，場所による塩分の違いが生じる．塩分を測定することに

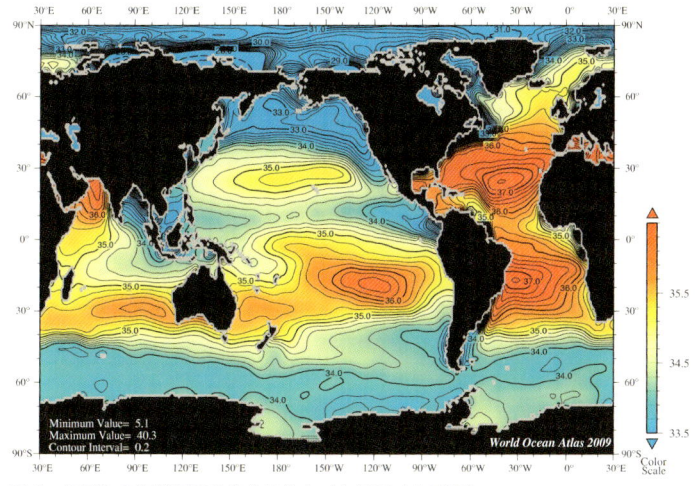

図4　年平均の海洋表面の塩分の分布（文献30より引用）

より，"そこ"で起こっている物理・化学的プロセスに関する情報を得ることができる．

■海洋深層水の地球規模での循環

　表層海水の水平方向の動きである海流は，海面上を吹くモンスーン，偏西風および貿易風に地球自転に基づくコリオリの力が働いて生じる．一方，深さ数千メートルにある深層には，ゆっくりとした流れの深層大循環が存在する．北部北大西洋において，海面で海水が冷やされると，海氷生成にともなって排出された低温高塩分水（ブライン）が大陸斜面を下り，周囲の水を押し出しながら海底に向かって沈み込む．それが等密度海水に出会うか，あるいは海底付近に達すると，水平流になってゆっくり流れる．この海洋深層水が形成される高緯度海域は，北大西洋のグリーンランド沖や南極周辺海域ロス海に限られている．グリーンランド沖で形成された深層水は，大西洋を南極まで南下して，南極海域でも冷やされ，沈みこんだ深層水と合流し，南極大陸の周りを巡りインド洋と太平洋の南西端より北上して広がる．やがて，温かい上層水と混ざりながら押されて湧き上がり，中層水に取り込まれる．中層水も拡散混合をするが，東進して米大陸西岸などにぶつかり，湧昇する．低緯度では表層水が貿易風で西に流される効果も加わって再び表層に現れる（図5）．

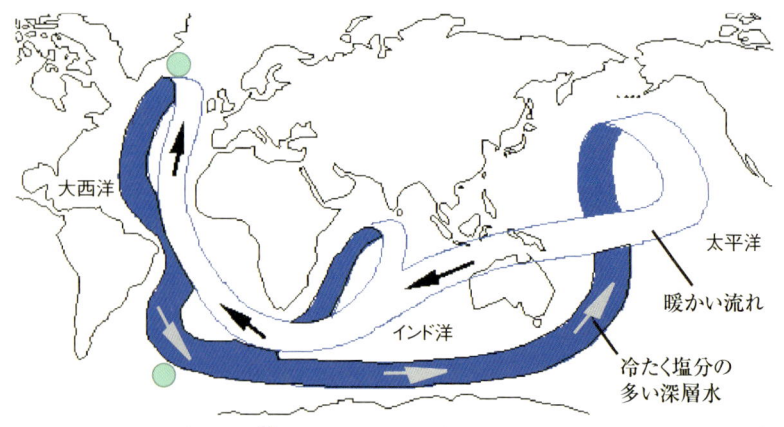

図5 深層水循環の概念図．●印は，海洋深層水が形成される場所を示している．図中の矢印は循環の方向を示している．（文献31より引用）

　循環が全海洋を一巡するのには，1000年程度の時間を要すると考えられている．この大洋水の大循環は，海洋全体に水や熱エネルギーを運ぶ重要な役割をもっている．北部北大西洋は深層水が形成される海域で，暖かい表層水（湾流）が北に運ばれるため，欧州は高緯度にあるにもかかわらず暖かい．深層海洋の循環は，さらに長い時間スケールの気候変動を考える場合にも重要になる．46億年という地球の歴史の中では数回の氷河時代があり，その氷河時代の中にも「氷期」と「間氷期」があり，数万年の規模で大陸上の氷河が増えたり減ったりしたと見られている．氷期などの現在と大きく異なる気候状態においては，深層水形成場所や形成量が現在とは大きく異なり，それらが気候の状態を維持する一因になっていたと考えられている．深層水の大循環が長期的にどのように変動しているかが，長期的な気候変動をコントロールする重要な要因といえるだろう．

　大洋水大循環にともなう海水の沈み込みや湧昇は，海洋の生物活動にも大きな影響を与える．海水が沈み込む際，表層海水に溶けた物質，例えば，ほぼ飽和状態にある溶存酸素が深層に潜り込む．この酸素を使って魚などが呼吸し，有機物が分解され，深海の生態系が維持される．また，この時，再生した栄養塩（硝酸塩やリン酸塩など）は深層水中に蓄積するが，この水が湧昇したり拡散混合によって表層の光が届く層（有光層）にもたらされると，植物プランクトンの光合成に使われ，食物連

表1 1気圧下において海水中に溶けている気体の溶解度(左)と大気中の空気の組成(右)

気体	分子式	海水中の飽和値 (ml/l) 0℃	海水中の飽和値 (ml/l) 24℃
窒素	N_2	14.3	9.2
酸素	O_2	8.1	5.0
二酸化炭素	CO_2	0.46	0.21
アルゴン	Ar	0.39	0.24
ヘリウム・ネオン クリプトン・キセノン	He・Ne Kr・Xe	15.4×10^{-5}	9×10^{-5}

気体	分子式	大気中の組成
窒素	N_2	78.08 %
酸素	O_2	20.95 %
アルゴン	Ar	0.93 %
二酸化炭素	CO_2	365 ppm
ネオン	Ne	18.18 ppm
ヘリウム	He	5.24 ppm
メタン	CH_4	1.75 ppm
クリプトン	Kr	1.14 ppm
水素	H_2	0.55 ppm

鎖網を経て,海洋表層の華やかな生態系をつくる(第1部4章参照).

海水に溶けている気体　大気と海洋の界面で,気体分子は気体交換によって大気から海洋(溶解),あるいは海洋から大気へ移動(逃散)がおこり,大気や海水が動かなければ,やがて交換平衡の状態になる.そのため海水中には大気中に存在する全ての気体が溶け込んでいる(表1).これら海水中に溶けている気体は溶存気体とよばれる.溶存気体の平衡濃度,気体の海水に対する溶解度は,大気中での分圧(全圧×濃度)と温度によって決まる.しかし,たとえば,二酸化炭素CO_2のように水中で解離する成分については,全炭酸量やpHを測って解離していないCO_2のみの量を求めておかねばならない.当然のことながら,海水中で生成したり,消費されたりする気体の場合は,平衡濃度からずれる.さらに,気泡が取り込まれると水圧で溶けるし,放射熱を吸収したり放射したりすれば,平衡濃度からずれる.

海水中での生物活動にともなう生成と消費過程によって平衡濃度からずれやすい海水中の酸素について考えてみよう.図6は実際に日本海で観測された海水中の溶存酸素の濃度とその飽和度を示している.過飽和度0%は,大気との平衡状態にあることを意味する.酸素濃度は表層約10 mの深さまで過飽和になっているが,それより深いところでは未飽和になっている.これは,生物活動が活発な海洋表層では,植物プランクトンの光合成によって生成された酸素の量が,生物の呼吸によって消費された酸素の量よりも多かったことを示している.一方,光エネルギーが届かず光合成による酸素供給がない深層では,生物による呼吸作用(表層からの沈降してきた有機物粒子を分解する微生物活動を含む)のために,溶存酸素濃度は減少し,飽和度も下がる.逆に,海水中の栄養塩や

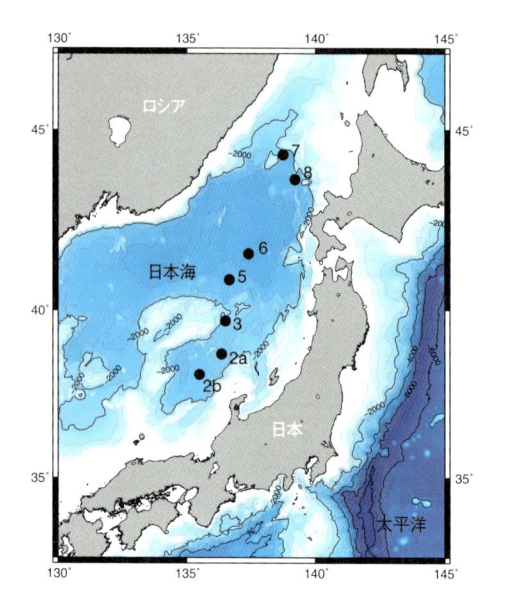

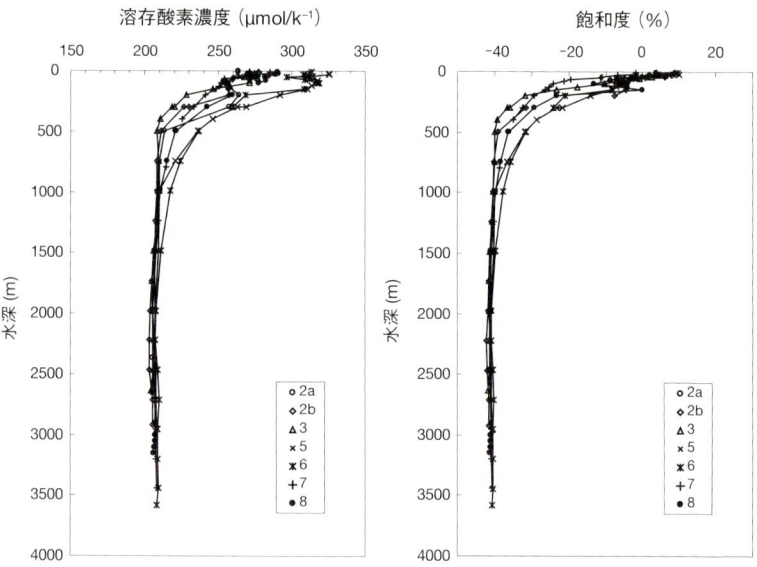

図6 日本海における溶存酸素濃度（下左）と飽和度（下右）の鉛直分布．飽和度0％は，大気と平衡状態であることを示す．地図（上）中の黒丸印（●）は，観測点を示す．（文献32）地図のデータは（財）水路協会の水路データセット JTOPO030．

二酸化炭素の濃度は増加する．

　海洋の鉛直混合や異なる濃度（起源）をもつ水塊との混合や，深層水の大循環に伴う海水の沈み込みや湧昇もまた，海水中の溶存気体や栄養塩（硝酸塩やリン酸塩など）などの濃度を変える一因となる．海水が沈み込んで深層水が形成される際，表層海水に溶けている溶存酸素も一緒に潜り込む．この深層にもたらされた酸素を使って魚などが呼吸し，有機物が分解され，深海の生態系が維持される．また，この時，再生した栄養塩は深層水中に蓄積するが，この水が湧昇したり拡散混合によって表層の光が届く層（有光層）にもたらされると，植物プランクトンの光合成に使われる．そして，食物連鎖網を経て，再び海洋表層の華やかな生態系が作られる．

　最後に地球環境と溶存気体との関係について触れておこう．近年，地球環境の変化が，海水中の溶存気体濃度の変化にも反映されていることが明らかとなってきている．18世紀に起こった産業革命以降，森林破壊や化石燃料の燃焼といった人間活動の増大によって大気中の温室効果ガス濃度が急速に増加している．二酸化炭素は最も重要な温室効果ガスであり，地球表面の温度を支配している最大の要因の1つである．この温室効果ガスが増加することで地球規模の温暖化がおこり，海水温が上昇すると，高緯度海域での表層高密度海水の形成が弱まる．この章で述べたように高密度海水は深層に沈み込んで新しい深層水を形成するが，形成する力が弱まれば新しい深層水が作られなくなり，大洋水の大循環も弱まる．これまで循環によって高緯度域に運ばれていた熱の輸送が止まり，地球全体の気候システムに大規模な変化をもたらすことになるだろう．

　私たちの身近にある日本海では，深層の酸素濃度が減少傾向にあるという観測事実が報告されており，これは地球の温暖化の影響が関係しているのではないかと考えられている．海水中に反映された地球変化の記録をどう読み取るか，これから私たちが取り組んでいかなければならない重要な課題の1つである．

6．天気は海が決める？

気候変動と海洋
岩本洋子・井上麻夕里

　天気とは，字が示す通り，地球を覆う大気の状態を指す．天気に関連するさまざまな大気現象すなわち気象や，長期間にわたる気象要素の平均である気候は，じつは海と深く関わっている．ここでは，近年注目を集めている気候変動の一つである地球温暖化が，どのように海と関わっているかについてみてみよう．

■温室効果ガスと地球温暖化

　近年，大気中の温室効果ガスの増加による地球温暖化が国際的な問題となっている．温室効果ガスとは，地球が宇宙空間に放射する赤外放射を吸収し，地球を暖める働きをする気体で，おもなものに二酸化炭素，メタン，一酸化二窒素がある．図1はこれらの温室効果ガスの過去2000年間の大気中濃度を示しているが，ちょうど産業革命にあたる1750年頃から，それらが急激に上昇していることが分かる．二酸化炭素の増加は，

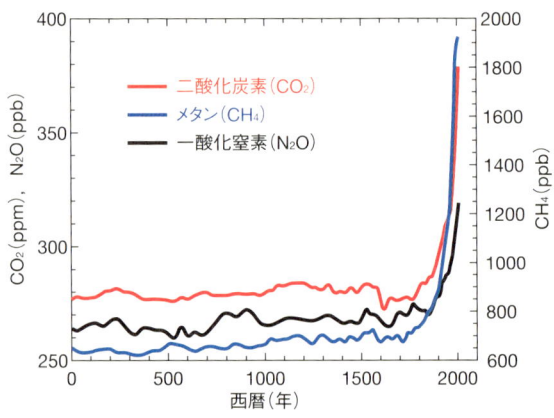

図1　過去2000年間の二酸化炭素，メタンおよび一酸化二窒素の大気中濃度．1750年頃以降の急激な増加は産業革命による人間活動がもたらしたと考えられる（IPCC, 2007, 文献33中の図2-3を改変））．単位のppm（100万分の1）やppb（10億分の1）は，乾燥空気中の全分子数にしめる温室効果ガスの分子数の割合で，これらの気体が大気中の微量な成分であることがわかる．

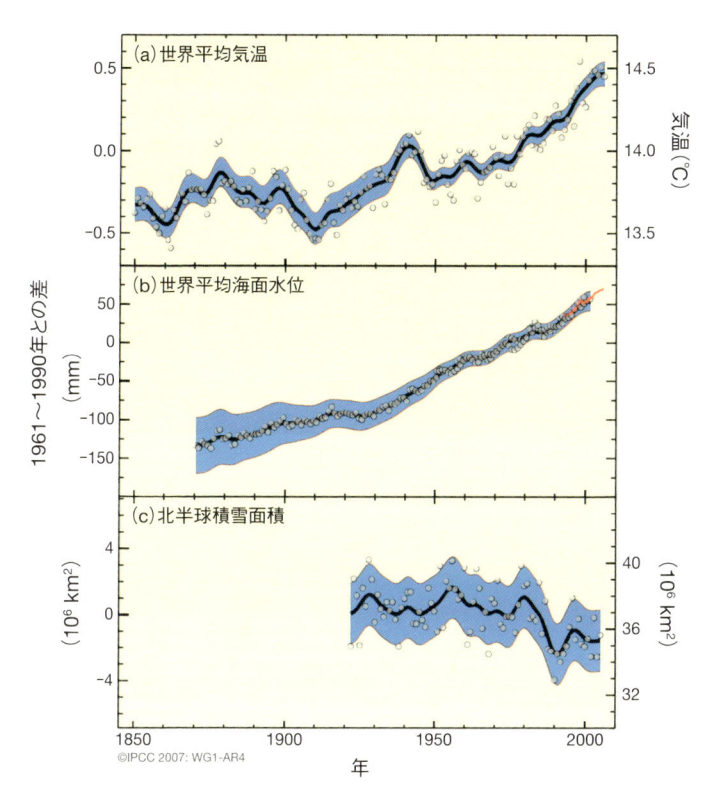

図2 (a) 世界平均気温の変化；(b) 潮位計（青）と衛星（赤）による世界平均海面水位の変化；(c) 3—4月における北半球の雪氷面積の観測値の変化．いずれの変化も1961〜1990年の平均からの差．黒の曲線は10年の平均値，丸印は各年の値を示す．青で塗った部分は不確実性の幅（IPCC, 2007, 文献33中の図1・1を改変）．

おもに石油などの化石燃料の使用や森林伐採などの土地利用が原因である．一方，メタンと一酸化二窒素の増加は農業による排出がおもな原因である．では，実際に地球温暖化が起きているのかというと，これは観測による気温や海水面水位の上昇，極域の雪氷面積の減少などにより明らかである（図2）．少々まわりくどい言い方になるが，1988年に世界中の専門家を集めて発足した「気候変動に関する政府間パネル（IPCC）」が2007年に出版した信頼性の高い最新の報告書では，「人間活動による温室効果ガスの増加が地球温暖化の効果を持つ」と書かれている（文献33）．

温室効果ガスが現在と同じ割合で増加していくと，これから50年後，

100年後の気温や海面水位はどうなるだろうか．この問題に答えるには，気候モデルによる将来の気候予測が不可欠である．気候モデルというのは，天気予報を出すのに用いられる数値予報モデルと本質的には同じで，最新鋭のコンピューターを用いて将来の気象状態を計算するものである．しかし，気候モデルでは50年先や100年先のことまで計算する必要があるため，天気予報では考慮しなくてよかった様々な要因を考慮する必要がある．海洋は地球表面積の約7割を占め，熱，水蒸気，二酸化炭素や他の温室効果ガスなどを大気と交換することで，地球の気候に大きな影響を与えている．将来の気候変動を予測するには，まだ未解明の部分が多い海洋の役割を観測や実験で定量的に捉え，それらを気候モデルに組み込むことが不可欠となる．

■二酸化炭素と海

海は，大気中に増加する二酸化炭素を吸収し，地球温暖化を緩やかにする能力があると考えられている．海水中の二酸化炭素濃度に影響を与える海の循環は，大きく物理的な海水の循環と生物を含めた物質循環の2つに分けられる．この2つは互いに密接に関わっている．物理的な海水の循環は，大気から溶け込んだ二酸化炭素を海洋中に輸送する「溶解ポンプ」と呼ばれる働きだけでなく，栄養を豊富に含んだ深層の水を光の届く表層に輸送することで，植物プランクトンの成長を支えている．光の届く表層では，植物プランクトンが二酸化炭素を取り込み，光合成によって有機物を作る．生合成された有機物のほとんどは分解されて再び無機の炭素となり，溶けきれない過剰な二酸化炭素は大気中へと放出される．しかし，有機物のうちおよそ1割程度が分解されずにマリンスノー（海の中で降る雪のように見えることから名付けられた）と呼ばれる大きな粒子となり，深層へと沈んでいく．これは「生物ポンプ」と呼ばれ，大気中の二酸化炭素を深層に輸送する重要な過程である．さらに，炭酸カルシウム（$CaCO_3$）の殻をつくる円石藻や有孔虫のようなプランクトンもまた，海洋の炭素循環に影響を与えている．これは炭酸カルシウムの殻が溶ける際に二酸化炭素を吸収するからであり，「アルカリポンプ」と呼ばれる．海洋が大気中の二酸化炭素をどれだけ吸収あるいは放出しているかを解明するには，「溶解ポンプ」「生物ポンプ」「アルカリポンプ」のそれぞれの過程や相互の関わりについての詳細な情報が不可欠である．ここでは「生物ポンプ」に関わる話を二つ紹介しよう．

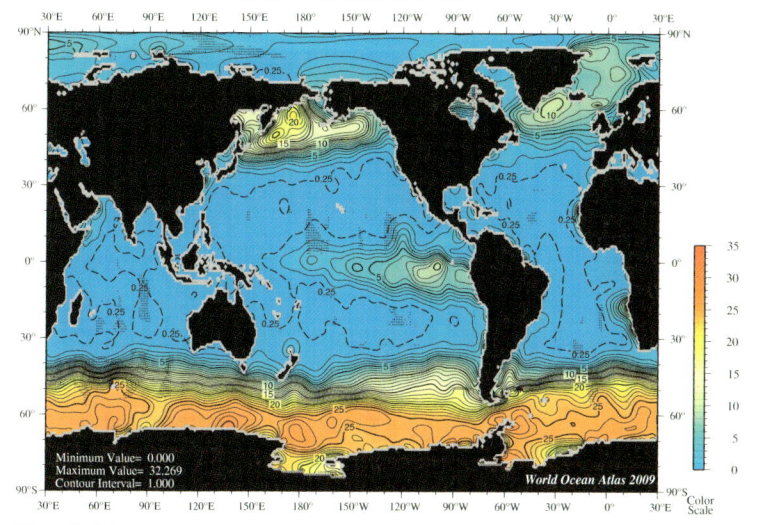

図3 海洋表層における硝酸塩濃度の分布．南極海，東太平洋赤道域，北太平洋亜寒帯域などに硝酸塩濃度が高い，すなわち生物生産性が高いはずであるが，実際にはこれらの海域では植物プランクトンの量の指標であるクロロフィル濃度が低い（文献30より引用）．

■植物プランクトンと鉄

　海洋における植物プランクトンの成長は，光，温度および栄養塩により制御される．代表的な栄養塩は，硝酸とリン酸である．通常，植物プランクトンは海水に溶けている栄養塩を使い尽くすまで増殖する．しかしながら，近年，表層の栄養塩濃度が高いにも関わらず，植物プランクトンの現存量の指標であるクロロフィル濃度が低い海域が存在することが分かった．このような海域はHNLC（High Nutrient Low Chlorophyll：高栄養塩低クロロフィル）海域と呼ばれ，南極海，東太平洋赤道域，北太平洋亜寒帯域などに存在する（図3）．HNLC海域では，鉄が生物生産の制限因子になっている可能性があることが，1980年代の観測や植物プランクトン培養実験からあきらかになった．鉄は生体内の酵素やタンパク質などに含まれ，植物プランクトンの成長に不可欠な元素である．しかし非常に不安定で，粒子に吸着し除去されやすい性質を持つ．

　現在では，大気を経由して海洋表層に輸送される鉱物粒子が，海洋表層への鉄供給源の一つと考えられている．鉱物粒子は，砂漠などの乾

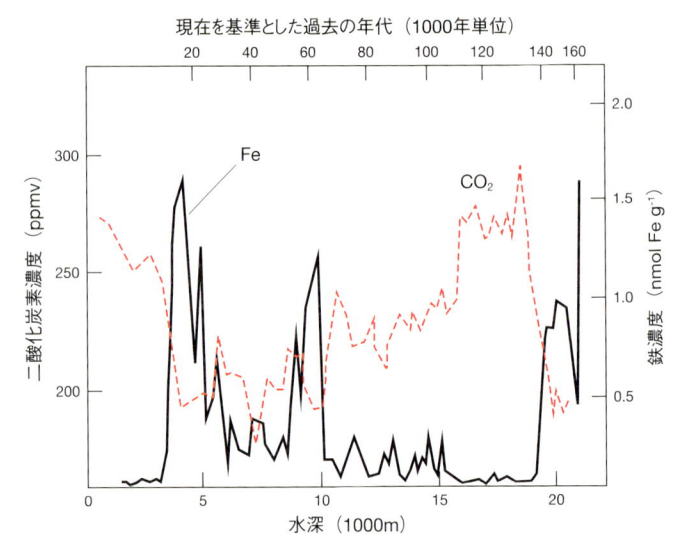

図4 南極ボストーク基地氷柱から得られた過去の鉄濃度と大気中二酸化炭素濃度（文献34を改変）.

燥地帯で巻き上げられ，風に乗って長距離輸送される．日本では，春先に観測される黄砂がよく知られている．一般にHNLC海域はこれらの乾燥地帯源から離れており，鉱物の大気から海洋への沈着量は少ない．HNLC海域では鉄の需要が供給を上回り，枯渇していると考えられる．

HNLC海域の一つである南極海は，現在は鉱物粒子の降下量が非常に少ないが，南極ボストーク基地で採取された氷柱の分析結果は，氷期には現在の10〜20倍もの鉱物粒子が大気を経由して供給されていたことを示した．また，同じ氷柱の分析から得られた過去の大気中二酸化炭素濃度は，鉄の濃度と逆相関していた（図4）．氷期には，強風により多量の鉱物が風にのって南極海に運び込まれ，鉱物から溶け出した鉄を利用して海洋表層の生物生産が上昇した．そして，大気中の二酸化炭素が増加した生物活動により海洋に吸収されたのであろう．

南極海に人為的に鉄を散布することで植物プランクトンの増殖を促進し，大気中の二酸化炭素を固定できる可能性が図4などの調査で示された．鉄散布実験は，これまでに世界のいくつかのHNLC海域で行われており，いずれも植物プランクトンの増殖が確認されている．今後の気候変動によって陸地の植生が変われば，鉱物粒子の発生量が変化し，海洋の生物ポンプの効率も変わるかもしれない．

■エルニーニョ現象

　天気予報を聞いていると,「低気圧」や「高気圧」といった言葉を耳にするが, この気圧とは大気すなわち空気の圧力のことで, 単位面積あたりの空気の重さを示している. 地表1 cm^2 に加わる大気の重さは約1 kgであるが, 地球上のどこでも同じではない. 空気は重い方（高気圧）から軽い方（低気圧）へ流れる. 穴のあいた浮き輪から空気が漏れるように, 空気は圧力の高いほうから低いほうへと流れ, これにより風が生じる.

　低気圧と高気圧は, 地球上の様々な場所に発生するが, 熱帯域にあって地球規模の気候変動に影響を与えるほどのエネルギーを生じているのが, 太平洋赤道域である（図5）. アジアの東側に位置する太平洋赤道域の西部は, 全世界の海洋で最も海面水温が高い海域になっていて, 夏も冬も同じように, 赤道域の東部すなわちアメリカ大陸に面する側より水温が高くなる. このような温度分布のとき, 赤道域の西部では, 大気が海水の蒸発とともに上昇し, 雨を降らせる積雲を盛んに発生させるので, 降水量が多くなり, 地上の気圧も低くなる. 上昇した気流は東に向かい海面水温の低い赤道域東部の海域で下降するので, 東部の地上気圧が高くなる. そうすると, 地上付近で気圧の高い方から低い方へ, つまり太平洋赤道域の東部から西部に向かって, 貿易風と呼ばれる風が吹く. このように, 太平洋赤道域の対流圏*では, 地上から上層にかけて大気が東西方向に大きく循環している. この循環を発見者にちなみ「ウォーカー循環」と呼んでいる（図5）. このウォーカー循環の強弱, つまり貿易風の強弱が,「エルニーニョ現象」と密接に関わっており, 日本の気候とも関係している.

　世界各地に異常気象をもたらすエルニーニョ現象では, ペルー沖を中心とする東部太平洋赤道域の海洋表層の水温が, 平年に比べて2～4℃も異常に高くなる. なぜこのようなことが起きるのだろう？ 通常, ペルー沖では海の深いところにある冷たい海水が表層に運ばれる「湧昇」のため, 西部太平洋赤道域に比べて海面温度が5℃ほど低い（図5a）. この湧昇は上述したウォーカー循環にともなう貿易風によりもたらされているため, 貿易風が何らかの原因で弱くなると, 湧昇も弱まり, 結果

---

*大気の最下層部. 両極で地表からの高さが約7 km, 赤道域で14～18 kmほどを覆う層で, その上が成層圏になる.

6. 天気は海が決める？

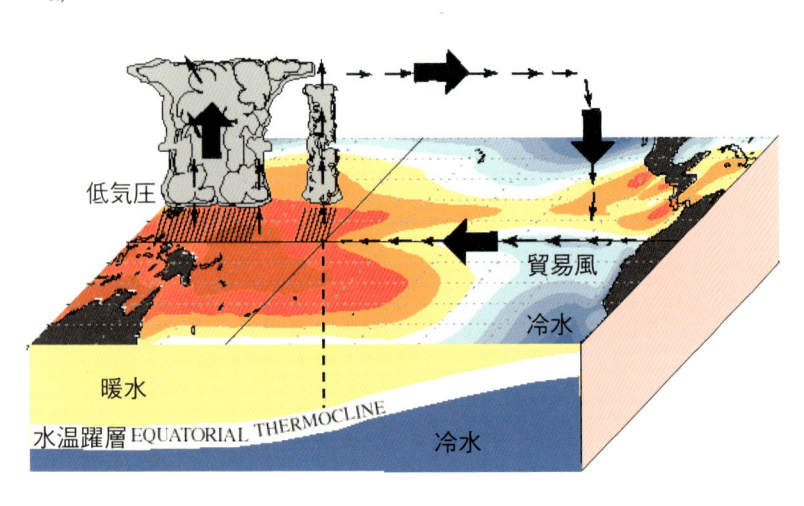

図5 12月～2月の太平洋赤道域における上昇下降気流と東西方向の大気の循環（ウォーカー循環，矢印），降雨，表面海水温を示す模式図．エルニーニョ現象のない時（a）とエルニーニョ現象発生時（b）を比較する．上昇気流（↑）が起きるところの海面気圧は低いので低気圧が発達する．エルニーニョ現象が起きるとウォーカー循環が弱まり，ペルー沖の冷水の湧昇が下がり，暖水塊（赤い部分）が東側へ移動する．（文献35を改変）．

的にペルー沖の海面温度が上昇する（図5b）．ウォーカー循環の駆動源は太平洋赤道域の西部と東部の温度差なので，東部の水温上昇でこの温度勾配が小さくなり，ウォーカー循環が弱まり，貿易風も弱くなる．そうすると，それまで貿易風によって赤道の西側に押しやられていた暖かい海水が，東側にも広がるようになり，東部の海面水温はさらに上昇し

Column

エアロゾルと雲―大気中の小さな粒子が地球に与える影響

　人間活動の影響で，二酸化炭素などの温室効果ガスが増え続けると，地球全体の気温が上昇するといわれている．しかし，実際の気温は温暖化の予測どおりには上昇していない．その原因として，地球温暖化に対して冷却の効果を持つとされる空気中の小さな粒子（エアロゾル）の働きがある．

　海洋大気中には，波しぶきから発生する海塩粒子，海洋生物（植物プランクトンなど）が放出する硫酸ガスが粒子化した硫酸粒子のほか，陸から輸送されたものとして，砂漠などを起源とする鉱物粒子，焼畑や森林火災を起源とするすす粒子，工業地帯や都市域から排出される硫酸や硝酸が粒子化したもの（人為起源粒子）などが存在する．これらのエアロゾルの中には雲の凝結核となり，太陽光を遮断し，温暖化を抑制するものがあることがわかってきた．また，鉱物粒子や人為起源粒子の中には，海洋生物の成長に必要な栄養成分を含むものがある．これらの粒子が海に落ちて，海洋の生態系を変えることも考えられる．　　　（岩本洋子）

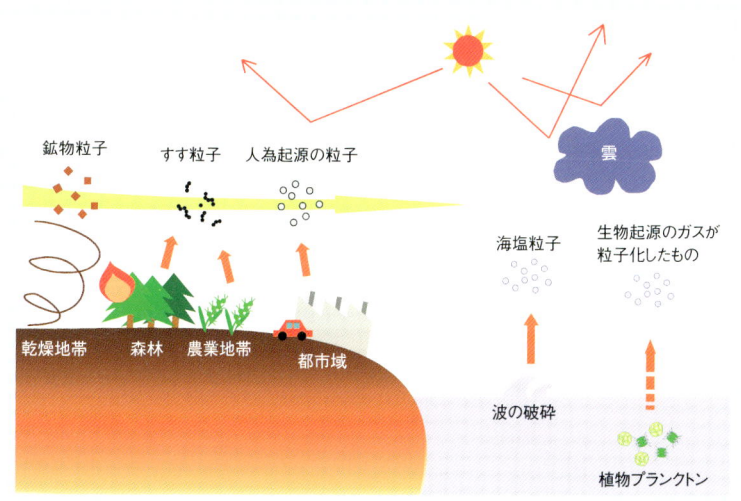

図　海洋大気エアロゾルのおもな発生源

て，ペルー沖の気圧も低くなる．当初，エルニーニョ現象はペルー沖のローカルな海水温の上昇として知られていたが，今では大気と海洋の相互作用によるたいへんダイナミックな現象として理解されている．しかし，なぜ貿易風が弱まるのか，どのようにしてエルニーニョ現象が終息するのかなど解明されていない点もまだ多い．

　ここで話を大気中の二酸化炭素濃度に戻そう．図1では，大気中二酸化炭素濃度が産業革命以降あたかも単調に増加しているように見えるが，実際にはこの変動は季節変動を含む．そういった季節変動と人間活動による二酸化炭素の放出分を除いて大気中二酸化炭素濃度の偏差（平年値からのずれ）の経年変動をみた研究がある．1982～83年および1986～87年は大規模なエルニーニョ現象が起きた年であるが，エルニーニョ現象の後，一次的に二酸化炭素濃度が上昇している．これは何故だろう．深層の水は有機物の分解生成物を多く含むので，二酸化炭素濃度も高い．この水が湧昇によって表層に運ばれたとき，圧力の低下と水温の上昇のため，溶けていられなくなった二酸化炭素を大気中に放出する．先にも述べたように，ペルー中を中心とする東部太平洋赤道域は深層から海水が湧昇する海域なので，本来は，二酸化炭素を「吐き出す」海であるが，湧昇が弱まるエルニーニョが起きると，大気中への二酸化炭素の放出量が減る．実際，エルニーニョ現象の間に大気中の二酸化炭素濃度の低下がみられるが，話は一筋縄ではいかない．植物プランクトンが光合成で使用する二酸化炭素が減るので，生物ポンプの効率が低下し，結果的には大気中の二酸化炭素濃度の増加につながるのである．

　エルニーニョ現象は，大気中の二酸化炭素濃度の変化をもたらすだけでなく，太平洋赤道域以外の海域や沿岸域でも，寒暖や雨量に影響を与えて異常気象をもたらす．エルニーニョの影響は赤道付近だけではなく，日本やアラスカ，さらに遠く離れた大西洋沿岸にまで及ぶ．エルニーニョ現象が起きたときに，どこでどのような現象が起きるかを詳細に調べることは，エルニーニョそのもののメカニズムをより詳しく知るだけでなく，異常気象にともなう自然災害に備えることにもつながるため，気象や大気，そして海洋といった様々な分野で研究が進められている．

7. 海の底には地球の歴史がつもっている

大村亜希子

　海水を取り除いてみると，深いところも浅いところも，海底の大部分は堆積物で覆われている．

　海底堆積物は，主に河川，氷河，風によって海へ運ばれた礫や砂や泥と，海の植物プランクトンや動物プランクトンの骨格（遺骸）が海底に積もった粒子でできている．堆積物の種類は水深，海面近くに生息するプランクトンの種類，陸からの距離といった様々な環境の違いを反映して，場所によって異なっている（図1）．これらの様々な堆積物には，それらが海底に積もった時代の地球環境変動や構造運動の記録が保存されている．そこで，海底堆積物を調べれば，古文書など文字として残されている記録よりもはるか昔にさかのぼって，過去の地球の歴史を知る手がかりが得られる．

　本章では，海底堆積物を採取し，そこから地球の歴史を読み取る方法や，実際にどのような歴史が明らかにされているのか，いくつかの例を紹介する．

■世界の海底堆積物

　まずは現在どこにどのような海底堆積物が分布しているのかを見てみよう（図1）．

　大陸から遠く離れた外洋の海底堆積物は遠洋性堆積物とよばれる．遠洋性堆積物はそれらを構成する粒子の種類によって，石灰質堆積物，珪酸質堆積物，氷漂流成堆積物などに区分される．石灰質堆積物を顕微鏡で観察すると，おもに有孔虫や円石藻の石灰質の骨格でできていることがわかる（図2a，b，c）．水深が深くなると石灰質の骨格が溶解しやすくなるため，石灰質堆積物は外洋の比較的浅い場所に分布する（図1）．珪酸質堆積物はおもに珪藻と放散虫の骨格遺骸からできている（図2d）．珪酸質堆積物は高緯度地域と東太平洋やインド洋の赤道域や東太平洋縁辺といった，湧昇によって珪藻などの植物プランクトンが多く生息する海域の海底に分布する（図1）．高緯度地域の海底には，海洋へ漂流し

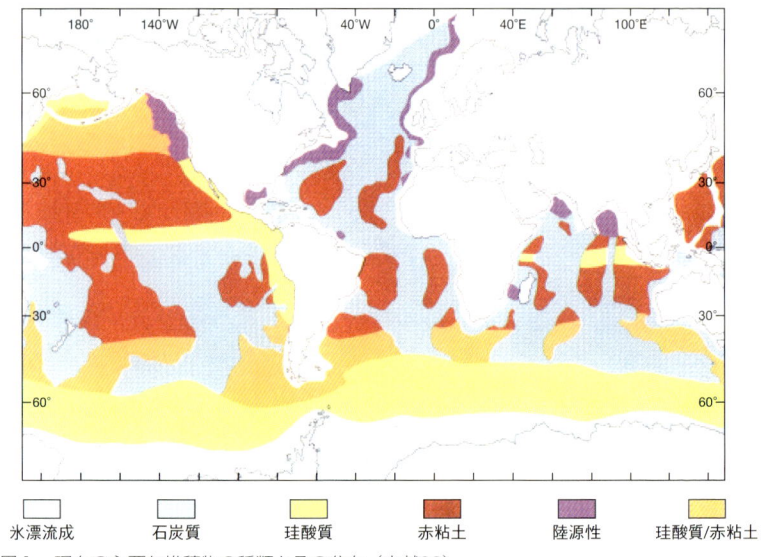

| 氷漂流成 | 石炭質 | 珪酸質 | 赤粘土 | 陸源性 | 珪酸質/赤粘土 |

図1　現在の主要な堆積物の種類とその分布（文献36）．

た氷山が溶け，流氷中の礫や砂が海底に落とされてできた氷漂流成の堆積物が見られる（図1）．

一方，大陸縁辺には陸源性堆積物が分布する（図1）．陸源性堆積物は陸地を形成している岩石が風化作用によって砕け河川や風によって海まで運ばれた礫や砂や泥，陸上植物の木片や花粉などからなる．これらは陸域に近い浅い海底に分布するものだけではなく，海底土石流などによって陸棚や大陸斜面から深海底へ再移動するものも含まれる．

■ **堆積物の年代を調べる**

海底堆積物から地球の歴史を読み取ろうとするときに必ず調べなければならないのが，その堆積物が堆積した年代である．海底から採取された堆積物がいつ形成されたものかがわからないと，環境変動などの記録を堆積物から読み取ることが出来ても，それがいつ起こったことなのかを特定できないからである．過去の堆積物の年代を調べるには多くの方法があるが，知りたい年代によって適する方法が異なっている．ここでは，年代測定に使われる方法をいくつか紹介する．

海面近くに生息していた植物プランクトンや動物プランクトンの化石

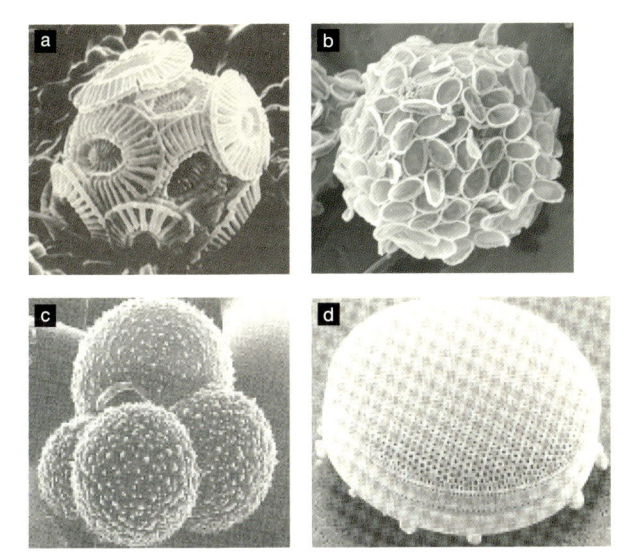

図2　堆積物中に含まれる微化石の電子顕微鏡写真.
a）円石藻化石．円石藻は植物プランクトンであり，石灰質（炭酸カルシウム）の骨格を持つ（文献36）．
b）円石藻．現生の円石藻の一種の電子顕微鏡写真．骨格の形はいろいろある（写真提供：笠島大貴）
c）浮遊性有孔虫化石．有孔虫は石灰質（炭酸カルシウム）の骨格を持ち，動植物プランクトンなどを食べている．ほとんどは海底に生息するが，一部浮遊性の有孔虫がいる（文献36）．
d）珪藻化石．珪藻は水のある環境に生息する単細胞藻類で，第1次生産者として生態系を支える重要な生物である．珪酸質の骨格を持つ（文献36）．

（微化石）を用いる方法がよく使われる．このような微化石は全世界でほぼ同時に新種が出現したり絶滅したことがわかっているので，産出状況を調べれば，その微化石が含まれていた堆積物がいつ頃形成されたものかがわかる．この手法は，幅広い年代に利用することができる．

堆積物中から噴出年代が明らかな火山灰を見つけるという方法もある．たとえば，1991年にフィリピンのピナツボ火山で大噴火が発生し，大量の火山灰や軽石が噴出した．このような噴出物は地球上の広い範囲に運搬され，海域に降下したものは海中をさらに降下して海底堆積物に保存されることがある．

分析機器と測定技術の進歩によって頻繁に利用されるようになったのが，堆積物に含まれる放射性同位元素を利用する方法である．放射性同位元素は不安定なので放射線を出して安定な元素に代わっていく．もと

の放射性同位元素の半分の数が安定な元素に変わるのにかかる時間を半減期といい，それぞれの放射性同位元素が固有の値を持つ．たとえば，^{14}C（放射性炭素）は安定な^{14}N（窒素）になり，その半減期は5730年であ

Column
海底堆積物の採取1

　海底堆積物を調べるためには，海底から堆積物を採取して陸上の研究室までもってこなければならない．様々な採取方法があるが，長い記録を知りたい場合には，細長いパイプを海底に突き刺してその中に入った堆積物を採取する方法が用いられる．写真は，ピストンコアサンプラーという採泥装置で，採取された試料は「コア」とよばれる．採泥管の中にセットされたピストンの吸引力によって，引き抜く際に採泥管に貫入した堆積物が落下することを防止できるので，より長いコアを採取することができる．採泥管の長さは，どれくらい古い記録が必要なのかといった研究の目的や，海底の性質（構成粒子の種類や堆積物の固さ）などによって決められる．数m〜20mの長さの採泥管が使われることが多い．現在世界で最も長いピストンコアサンプラーの採泥管は，50 m.

　これまでは実際にコアサンプラーが海底に突き刺さる様子を見ることはできなかった．最近，ピストンコアサンプラーをつり下げることができ，海底観察用のカメラを備え，海中を自由に動き回ることができる「自航式サンプル採取システム（通称 NSS: Navigable Sampling System）」が開発された（芦ほか，2005）．これにより，海底の様子を観察しながら，研究目的に最も適した地点を選び，船上から遠隔操作でピストンコアサンプラーを落下させ，採泥ができるようになった（東京大学大気海洋研究所海洋底科学部門ホームページ参照，http://ofgs.aori.u-tokyo.ac.jp/ofgs/NSS/nss-j.html）．

（大村亜希子）

学術研究船「淡青丸」による調査航海で使用しているピストンコアサンプラー．パイプの長さは5m．これから海中に投入されるところ．

ることから，およそ50000年前までの年代決定に利用されている．もっと古い数十万年〜数億年といった年代決定には，より長い時間をかけて放射壊変が起こる放射性同位元素が使われる．

　実際に年代を調べようとすると火山灰や微化石がほとんど含まれない堆積物もある．そのような場合には，火山灰や微化石以外の方法を選ばなければならない．研究対象とする堆積物に対して可能な方法で，知りたい年代に適した方法を考えて使う．年代測定は地球の歴史を知るためになくてはならない情報だが，真実により近い値を知ることは簡単ではない．そのため，より精度の高い測定方法や新たな年代測定法の開発が続けられている．

■周期的な気候変動の記録

　図2に示したような粒子は，実は，海洋の表層から海底へ向かって沈降する途中で分解されてなくなってしまうものが多い．分解されるかどうかは，粒子と海水の性質により，それは場所によって異なっているのだが，条件の良い場所では，粒子は深海底まで到達する．分解を免れて深海底に到達した粒子がその場で海底に埋没していくと，そこには，地球の歴史が記録される．深海底には，1000年間に数cm程度しか堆積物がたまらないような場所もある．そのような場所では，海底下数十mの堆積物中に何十万年もの記録が連続的に残されていることになる．深海底堆積物に保存された環境変動の記録として，過去に地球で起きていた周期的な気候変動の例を紹介する．

　過去の地球環境の変化を知る際に頻繁に用いられる方法が，石灰質骨格（炭酸カルシウム：$CaCO_3$）の酸素同位体である．熱帯地方の海で水が蒸発する場合，分子量の小さい^{16}Oを含む軽い水（$H_2^{16}O$）から蒸発する．この水蒸気は高緯度地方まで運搬され，最終的には極地方に雪となって降り積もる．その結果，氷床には^{16}Oに富んだH_2Oが氷として蓄積され，海洋の水は相対的に^{18}Oに富むようになる．有孔虫の石灰質骨格は海水中の同位体比を保ったまま形成されるので，氷床が発達した寒冷期には骨格を作っている$CaCO_3$の$^{18}O/^{16}O$の値は大きくなる．図3は，堆積物に含まれる有孔虫を拾い出して，石灰質骨格に含まれる酸素同位体比を測定して作成された酸素同位体比曲線である．$^{18}O/^{16}O$が大きい方が寒冷期，小さい方が温暖期である．このグラフから温暖期と寒冷期が繰り返し，それらが約10万年の周期で起こっていたことを読み取ることができる．

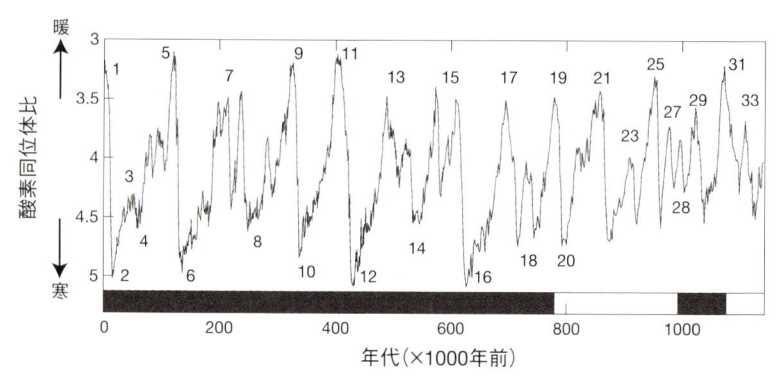

図3 過去約百万年間の深海底堆積物中の有孔虫酸素同位体比変動（文献37の図を簡略化）．値が大きい方に変化すると氷床の増加（寒冷化），小さい方に変化すると氷床の減少（温暖化）を示す．グラフの中の数字は，Marine Isotope Stage (MIS)．奇数番号が温暖期，偶数番号が寒冷期を示す．約10万年周期で温暖期と寒冷期が繰り返している．グラフの下端の黒と白の横棒は古地磁気の向きを示す．黒が現在と同じ向き，白が現在と逆向き．

また，$^{18}O/^{16}O$ の大きいピークと小さいピークには，若い時代から順に番号がつけられている．温暖期と寒冷期は交互に繰り返したので，奇数が温暖期，偶数が寒冷期を示すことになり，これらは Marine Isotope Stage (MIS) とよばれている．

■ 海水温変動の記録

年代の決定や酸素同位体測定に使われる微化石は，堆積物から洗い出したり拾い出したりして，顕微鏡で観察してその種類を見極めて使われている．一方で，生物の遺骸が目に見える形で残っていない場合でも，過去の生物がつくり出した化合物が堆積物に残っており，それらが古環境の指標として使われることがある．このような特定の生物が作り出した化合物はバイオマーカーとよばれる．バイオマーカーも，分析装置と測定技術の発展によって古環境解析で活躍するようになった．多くの種類が発見されているバイオマーカーの中で，過去の海水温を示す指標として，とても強力であり，注目されているアルケノンという化合物を紹介する（図4）．

アルケノンは植物プランクトンである円石藻だけがつくり出す化合物である．図4aに示すように，炭素数が非常に大きく，複数の二重結合を持つのだが，実は，この二重結合の数の分布がそれを作った円石藻が生息していた水温によって異なることがわかっている．すなわち，アル

Column
海底堆積物の採取 2

　海中を沈降した粒子は海底にすでに積もっている堆積物の上へ積み重なり，その後に沈降してきた粒子はさらにその上に積もり…ということを繰り返している．雪が積もる様子を想像すればよいだろう．したがって，地殻変動などの影響を受けて地層の上下が逆転するようなことがなければ，現在の海底面の堆積物が一番新しく，海底面から地下深部へ向かってより古い堆積物になる（下図）．この順序を乱さないように堆積物コアは採取される．

　船上に引き上げられ半裁された堆積物コア（下の写真）は，採取される以前にあった海底下とは異なる環境にさらされる．時間の経過とともに変化しやすい色などの情報を採取直後に記録し，どのような粒子でできているのかを観察する．また，年代測定などの分析試料をコアから分割して採取し，陸上の研究室に持ち帰る．

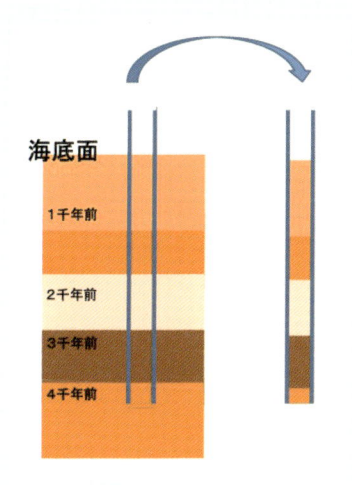

海底に採泥管をさして引き抜くと，順序が乱れることなく地層がそのまま取れる．

学術研究船「白鳳丸」による KH-06-3 次研究航海で紀伊半島沖の熊野灘から採取された堆積物コア．過去約2000年間の堆積物コアを縦半分に切断した面の写真．全体で約4.3mのコアを実験室に持ち込めるように長さ約1mずつに切ってある．主に泥だが粗粒な泥や砂（黒い部分：タービダイト）が挟まれている．

7．海の底には地球の歴史がつもっている

(a)

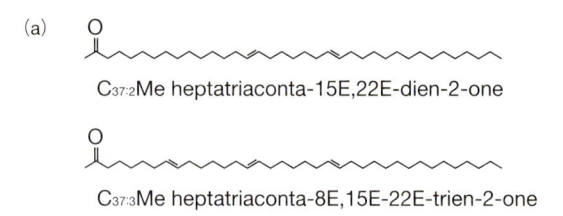

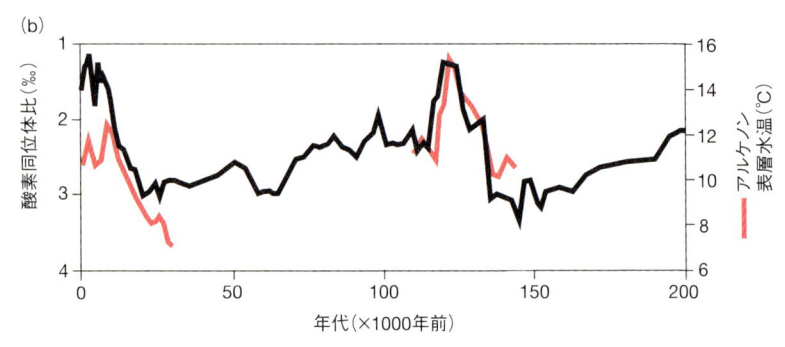

C$_{37:2}$Me heptatriaconta-15E,22E-dien-2-one

C$_{37:3}$Me heptatriaconta-8E,15E-22E-trien-2-one

(b)

図4 （a）アルケノンの分子構造と（b）南太平洋から採取された深海底堆積物中のアルケノンが示す表層水温変化．グラフ下部の1〜7の数字はMIS（Marine Isotope Stage）．（文献38を簡略化）．

ケノンの不飽和度を調べることにより生息していた当時の水温がわかるというしくみである．

　実際にこの手法を使って過去の海水温変動が復元されている．図4bは南太平洋の深海底から採取された堆積物中のアルケノンを分析した結果である．過去約3万年前までと11〜15万年前にこの海域の表層水温が大きく変動していたことが示されている．

■ **過去の海底地震の記録**

　海底堆積物には，海水や大気中で起こった環境変動だけではなく，海洋プレートの運動に伴って発生する海底地震といった構造運動も記録されることがある．

　図5下は，静岡県御前崎沖の水深約2400 mの深海底から採取された海底堆積物コアを模式的に描いた図である．深海底では，通常は海洋表層付近から降下してくる生物の骨格とわずかな陸源性の粒子から構成される泥質の細粒堆積物が堆積している．しかし，稀にそれよりも粗粒な泥や砂の層が挟まれることがある．これらの層はタービダイトとよばれ

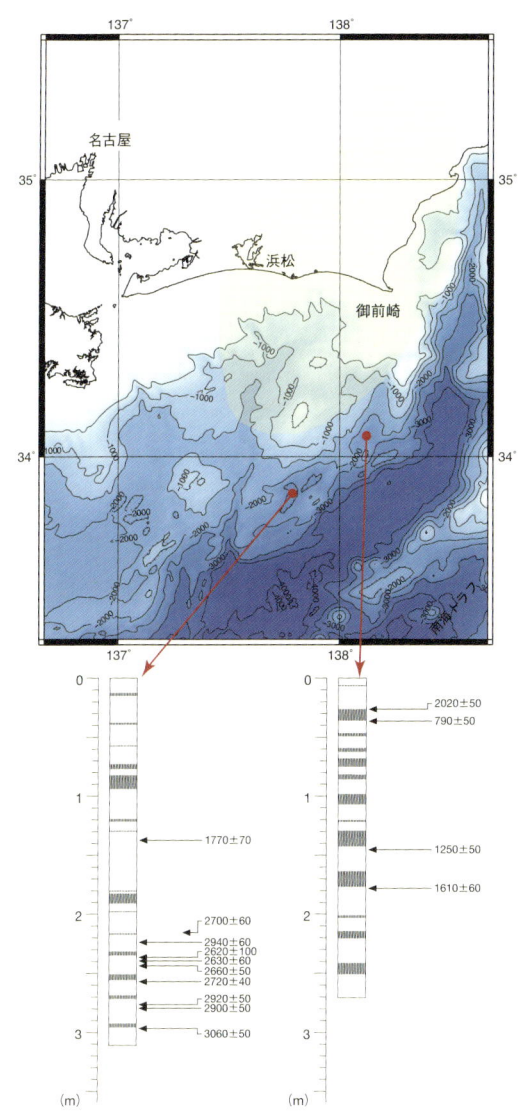

図5 （上）御前崎から渥美半島沖の海底地形と堆積物コアの採取地点（黒丸）．黄色で囲まれた範囲は東海地震の想定震源域（気象庁ホームページより）．図作成：田村千織．（下）御前崎沖水深2420mおよび水深2560mの深海底から採取された堆積物コアの柱状図．柱状図右の数字は測定された放射性炭素年代値であり，1950年からさかのぼった数値（1950年から何年前か）で表されている．±の右の数字は測定誤差．白色の部分は通常時に静かに堆積した細粒な泥（半遠洋性堆積物），網掛け部分は粗粒な泥や砂からなるタービダイト．（文献39を簡略化）

7．海の底には地球の歴史がつもっている

る堆積物で，層の内部に見られる模様や粒子配列の特徴から，海底斜面を流れ下る土石流のような流れ（乱泥流）によって運ばれ堆積したと考えられている．陸上で大きな地震が起こると崖崩れやそれに伴う土石流が発生することがあるが，海底でも同様の現象が起こることがある．このコアが採取された南海トラフ沿いの海底には活断層が分布し，この海域は東海地震の想定震源域の近傍である．

　すでに紹介した放射性炭素年代測定法で，泥質部分から取り出した浮遊性有孔虫化石を使って，これらの堆積物が形成された年代が調べられた（文献39）．コアの下部から得られた年代値により，これらは過去約3000年間（図5下左）および1600年間（図5下右）に堆積したものと推定された．次に，測定された年代をもとにして，タービダイトの形成間隔を見積もると，およそ70〜600年であった（文献39）．この小さい方の値は，南海トラフ沿いの巨大地震の発生間隔（約100年程度）に近い値である．このことは，タービダイトが過去の地震の記録を保存している可能性を示す．しかし，大きい方の値は巨大地震の発生間隔よりも大きいため，図5下に示した2本のコアには，この海域で発生した地震の記録はすべて含まれていないのかもしれない．そのため，海底地滑りや土石流がどのような条件で発生するのかを詳しく調査したり，地震が発生した「年代」をより，正確に見積もるための研究がすすめられている．

8．海の底には山や温泉がある

沖野郷子

■海底は沈黙の世界？

　深海底という言葉から多くの人が想像する光景はどのようなものだろうか．ほの暗い海を通して浮かび上がる，ゆったりとした起伏のある海底，そこに降り積もる砂，そして静寂？　ジャック＝イヴ・クストーが1956年に製作した有名な深海ドキュメンタリー映画は「LE MONDE DU SILENCE 沈黙の世界」と題されているが，果して深海底は本当に沈黙の世界なのだろうか．確かにそこは陸上の喧噪からは遠く離れた世界に違いない．しかし，地球上の火山活動の8割は海底火山によるものであり，地震もその多くが海底を震源として起こっている．太陽の光はせいぜい水深200 m程度までしか届かないので，私たちになじみ深い，光合成に頼って生きている生物は深海にはいない．しかし，そのかわりに，太陽の恵みを全く利用せず，海底から提供されるイオウやメタンを利用してエネルギーを得る生物達が繁栄している．深海底は決して沈黙の世界でも死の世界でもなく，ダイナミックに躍動し生命に満ち溢れた場所なのだ．

■海底を調べる

　アポロ宇宙船から撮影された地球の映像は，地球が青い海の惑星であることをわたしたちに教えてくれる．一方，この美しい映像からは海底の姿はまったくわからない．これは海水中では可視光は急速に減衰してしまい海底に届かないからである．可視光だけでなく，惑星探査などで利用される電磁波も海水に阻まれて深海底の探査には使えない．したがって，海底の地形や構造を計測するためには，波長の比較的長い音波を使わざるを得ず，探査方法はかなり限定されたものとなる．船を走らせて音波探査を行うには時間も費用もかかるため，詳しい海底の探査が行われている場所は，産業・社会的利用価値の高い沿岸部や科学的興味が集中する地震・火山の多発する海域に限られているのが実情である．

　図1の地形図を見てみよう．この図は影をつけることによって海底も

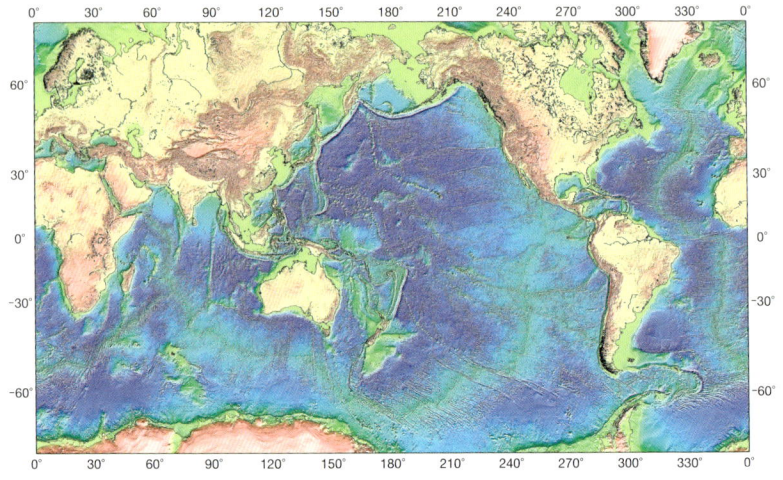

図1 全地球地形図．広大な海域にも海嶺や海溝など起伏に富んだ地形が広がっていることがわかる．データは ETOPO 2（米国地球物理データセンター）による．

含めた地球全体の地形の凹凸が直感的にわかるように工夫してある．この図では海底の起伏があたかも見てきたかのごとく描かれているが，実は海底のかなりの部分は実際に水深を測ったのではなく，ある方法で推定した地形を図にしているのである．

　海底に山や谷といった大きな起伏があると，そこでは周囲に比べて質量が多かったり少なかったりするので重力分布に異常があらわれる．船で海へ出かけて重力異常を測ることは水深を測ること以上に手間のかかることであるが，便利なことに海底の上を覆っている海水は重力が強いところに集まってくるので，大きな海山がある場合にはその上の海面は山の形をなぞるように盛り上がる．つまり海底面の大きな起伏をなぞるように海面にも起伏が生じているのである．海面の起伏は人工衛星からレーザーを使って高い精度で地球全体をくまなく測ることができるので，図1の多くの部分は観測した海水面の起伏から海底面を推定して描いたものである．このように宇宙技術を利用して海底の大きな地形がわかるようになったのは1990年代のことである．それまでは，大海原の真ん中や気象条件が厳しい場所では，まばらにしかない船のデータから海底の構造を推定していた．もちろん，現在でも，船で現場に出かけて観測するほうがより詳しい地形がわかるので，重要な場所には観測のための機材を積んだ船が出かけて観測を行っている．また，海底の堆積物や岩石

を採取するには，やはり船で現場に行くしかない．最近では，さらに細かい地形や構造を知るために，遠隔操縦できて深海にもぐることのできる無人の探査機などの利用も盛んになってきたが，広い深海底はまだ未踏の領域が延々と広がっている．

■プレートテクトニクスと海底の大地形

　海底地形図（図1）を眺めると，いくつかの大きな特徴に気づくだろう．まず，太平洋やインド洋などのかなりの部分は水深4000〜5000m程度の比較的平坦な海底である．このような大洋のほぼ中央部に，まるで地球の縫い目のように海底山脈が連なっていることもわかる．海底にある山脈のことを普通海嶺とよんでいる．一方，大洋と大陸の接するところでは，幅が狭く深い海底の谷が陸を縁取るようにつながっていることがわかる．このような谷地形を海溝とよぶ．海嶺や海溝の存在は，大洋を横断する商船などによる調査や，海底ケーブル敷設のための測量を通じてだんだん明らかになってきたのだが，このような大規模な地形がどのようにしてできたのか，その成り立ちについて理解が進んだのは，実は比較的最近の1960年代である．

　1960年代は地球科学にとって大きな変革の時代であった．この時期に，現在私たちが固体地球の表層を考えるうえでの枠組みとなっているプレートテクトニクスという概念が成立したのである．プレートテクトニクスの概念を説明するためには，まず地球の内部の構造を知っておく必要がある．地球の内部はちょうど卵が殻，白身，黄身と入れ子の構造になっているように，深さごとに性質が変わっていく球殻構造をしていると考えられている（p.3第1章図1参照）．地球の内部を化学組成の違いに注目して見てみると，卵の殻にあたる表層には非常に薄い岩石層があり，地殻とよばれている．その下，卵の白身にあたる部分は，やはり岩石であるが組成が地殻とは少々異なるマントルとよばれる部分である．さらに中心に近づき卵の黄身にあたるところは，主に鉄やニッケルでできている核とよばれる部分になる．一方，視点を変えて，化学組成にはこだわらずに「どれくらい固いか，どれくらい流れやすいか」という物理的性質を基準に地球内部を考えると，また別の層構造を定義することができる．地球表層は極めて固い岩盤の層が数十kmから100数十kmの厚さで広がっており，ここはリソスフェアとよばれる．この下に比較的流れやすいアセノスフェアという層が広がっている．アセノスフェアの

Column

統合国際深海掘削計画（Integrated Ocean Drilling Program; IODP）

　IODPとは，2003年に発足した日本と米国が主導する国際的な海洋底掘削計画である．科学的な海洋底掘削は，1968年にグローマー・チャレンジャー号によって米国主体で始められ，85年からはジョイデス・レゾリューション号を用いて国際深海掘削計画（Ocean Drilling Project; ODP）に引き継がれた．IODPはODPがさらに発展したものであり，従来の掘削船に加え，新しく日本が建造した地球深部探査船「ちきゅう」を用いて地球の謎に挑む．2005年に完成した「ちきゅう」は，最新の技術により水深2500m，海底下7000mまで掘り進み，人類史上初めてマントルへと到達することが可能である．月の石を持ち帰ることが出来るようになった現在でもなお，私たちの足元をつくっている物質を手に取ることは，人類の夢である．また「ちきゅう」は，巨大地震の震源まで掘り，そこを直接観察することによって，巨大地震の発生メカニズムを解明することを目指す．さらに，地下奥深くに存在する原始的な地下生命を探索し，生命誕生の謎に迫る．「ちきゅう」によって掘削された地質試料は，過去の地球の環境変動を記録している．地球環境の変動の仕組みを理解することは，未来の地球の姿を予測するための重要な手がかりである．すでに多くの研究者や大学院生が「ちきゅう」に乗船し，科学の最前線に立っている．

　　　　　　　　　　　　（山岡香子）

「ちきゅう」が解き明かす地球の不思議

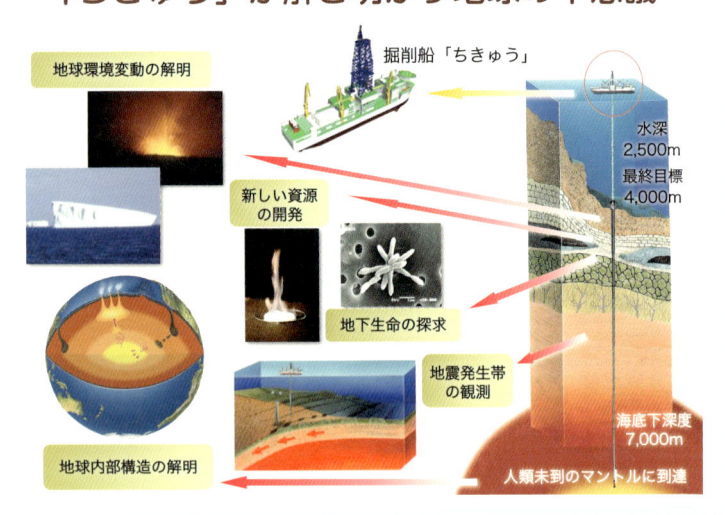

地球環境変動の解明
掘削船「ちきゅう」
水深 2,500m
最終目標 4,000m
新しい資源の開発
地下生命の探求
地震発生帯の観測
海底下深度 7,000m
人類未到のマントルに到達
地球内部構造の解明

（提供：海洋研究開発機構，一部写真提供：安田敦，山根雅子，産業技術総合研究）

実態は明らかではないが，さらに深部では岩石は再び固くなりメソスフェアとよばれる層となる．地球の中心部は先に述べたように金属質の核であるが，核の外側（外核）は金属が液体状態で存在して，きわめて流動しやすい層をなしている．しかし，さらに中心に近づくと圧量が高まり金属が固体となった内核の領域になる．

リソスフェアという言葉は地球全体を考えた時に表層にある固い岩盤の層を指すが，このリソスフェアがいくつかの巨大な破片に分かれた，その破片をプレートとよぶのである．プレートテクトニクスの概念をやさしくまとめると以下のようになる．

(1) 地球の表層は固いリソスフェアの広がりである数枚のプレートで覆われている．
(2) プレートはその下のアセノスフェアの上を相互に運動する．
(3) 地球上の主な地質学的現象はおおむねプレート境界で起こる．

プレートテクトニクスには理論とか原理とか事実といった言葉はふさわしくない．プレートというものを考えると様々な観測事実がすっきり説明できますよ，という考え方の枠組み（パラダイム）である．いい換えると，なぜ海溝があり海嶺があり，それぞれの場所で特徴的な地震や火山の活動があるのかを説明するために編み出された地球のとらえ方といえる．個々のプレートの分け方や境界の場所の定義はいくつかの流儀があるが，代表的な定義と境界でのプレート運動の方向と大きさを図2に示す．

■プレートが離れていく中央海嶺

隣合った2枚のプレートがお互いに離れていく方向に運動している時，このプレート境界を発散型の境界とよぶ．このような場所では，離れていく隙間を埋めるように，地下深部にあった岩石が上昇し，その一部がマグマとなって火山活動を起こしている（図3）．そのメカニズムをもう少し詳しくみていこう．

地球内部の温度は地下深くなるにつれて上昇する．このような深度による温度変化を地温曲線とよぶ．一方，地球の外側の大部分を占めるマントルは岩石でできていて，ある温度・圧力条件のもとで溶け始める．一般に圧力の高いところでは岩石の溶け始める温度は高くなるので，地下深くではとけはじめ温度は高くなる（図4の緑線）．平均的な地球の状態では，地温勾配と溶け始め温度曲線は交わらず，どの深さ（圧力）で

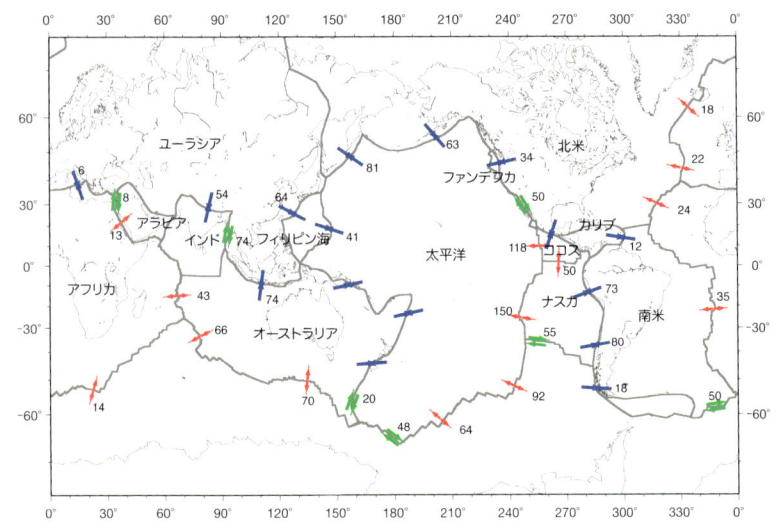

図2 プレート境界とプレートの名称. 矢印とその横の数字はプレート境界での総体的な運動方向と速度 (mm/年) を示す. プレート運動は De Mets らによる NVVEL 1A モデルに基づく.

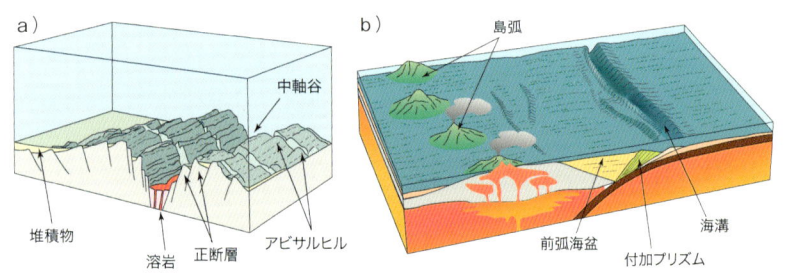

図3 a) 中央海嶺の構造の模式図　b) 沈み込み帯の構造の模式図 (文献39)

も地温のほうが低い (図4a). すなわち, マントルはどこでも固体の岩石のままである. ところが発散型のプレート境界では, 本来深いところにあった高温の岩石が表層の隙間を埋めるために上昇し, 高温のまま浅い (＝圧力の低い) 場所にやってくる. この場合は地温曲線が変化していることになり, ある深さの範囲では岩石の温度がその岩石の溶け始め温度を越えて, 溶けたマグマができるのである (図4b). 一部が溶けた岩石は周囲の岩石よりやや軽くなるため上昇し, さらにはマグマの部分が溶け残りの固体の岩石を離れて集まって海底面に向かい, 噴出して海底火山となる.

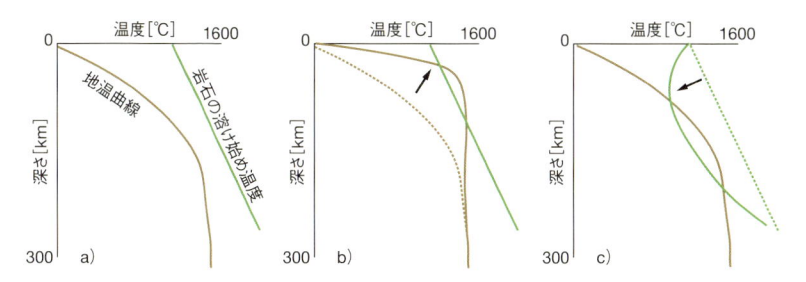

図4 地下でマグマが発生する条件を示す．地下の温度分布（地温曲線）を茶色の線で，岩石がその深さ（圧力）で最初にとけはじめる温度を緑色の線で示す．b）とc）の点線はa）の実線を比較のために示したもの．
a) 地球の大半の場所ではふたつの曲線は交わらず，どんな深さでも地温がマントルの岩石のとけはじめ温度曲線より低いほうにあるため，マントルは固体のままである．
b) 中央海嶺の下では，地下深部にあった高温のマントル岩石が，プレート境界で開いた隙間を埋めるように上昇してくるため，浅いところがより高温になる地温曲線（茶線）となる．その結果，ふたつの曲線が交わり（矢印），ある深さの領域でマントルの岩石がとけはじめマグマが発生する．
c) 沈み込み帯では，沈み込むプレートからその上のマントルに水が供給される．岩石は水を含むと一般により低い温度でとけはじめるので，とけはじめ温度曲線が変化し（緑線），マグマが発生する（矢印）．

　このようにして，発散型のプレート境界ではプレートがお互いに離れていくために火山活動が起こり，プレート境界に沿って火山の連なる海嶺ができるのである．発散型プレート境界にできた海嶺を特に中央海嶺とよんでいる．図1と図2を見比べるとよくわかるが，中央海嶺は大洋を縫い目のように走り，地球全体をぐるりと取り巻いている．その総延長は7万km以上，生産されるマグマの量でいうと地球全体の火山活動の約8割が中央海嶺で起こっていると試算されている．プレートの移動速度は1年間に数mmのところから十数cmのところまで様々であるが，たとえば南太平洋にある中央海嶺では1年間に十数cm程度で両側のプレートが離れていき，その分を埋めるように膨大な量のマグマが生産されて新しい海底ができ，次々と両側に広がっている．

■海底をつくっている岩石

　中央海嶺で噴出するマグマが固まるといったいどのような岩石ができるのだろうか．マグマは中央海嶺の下のマントルの岩石が溶けてできたものだが，それが固まったからといってもとのマントルの岩石と同じものができるわけではない．このようなことが起こるのは，マグマができる時にマントルの岩石のすべてが溶けるわけではないからである．岩石

が溶け始めてその一部が液体になることを考えよう．岩石は多くの元素からできているが，元素の化学的な性質によって液体側に移動しやすい元素とそうでない元素がある．たとえば，カリウムやナトリウムのようなアルカリ元素や珪素は液体側に移動しやすい．そのため，岩石の一部だけが溶けている場合は，液体のマグマ側にこれらの元素が相対的に多く，溶け残りの固体側はこれらの元素が乏しいという現象が起こる．つまり，マグマも残りの岩石ももとのマントルの岩石とは化学組成が違ってしまうのである．もちろん元のマントルの岩石がすべて溶けてしまえば，マグマの組成と元のマントルの組成は同じになるのだが，中央海嶺の下では実際には元の岩石のおよそ2割が溶ける状態にあり，元のマントルとは異なる組成のマグマ（玄武岩マグマとよばれる）ができるのである．このマグマが中央海嶺で噴出して玄武岩とよばれる岩石となり，中央海嶺からプレート運動によって世界中の海底をつくっている．マグマが冷えて固まった部分が，前の節（p.73）で地球の内部構造について説明した際に卵の殻にあたるとした地殻である．地殻とマントルがどちらも岩石だが組成が異なる理由は，このような仕組みによるのである．

■プレートが沈み込む海溝

　もう一度図2に戻ってみよう．太平洋では，東によったところに中央海嶺があり，ここで新しいプレートが生まれて両側に移動していく．それでは，プレートの逆の端はどうなっているだろうか？　太平洋の東の端にあたる中南米の西岸では，太平洋の中央海嶺から東へ移動してきたナスカプレートが南米プレートに近づいていく．一方，太平洋の北東の端では，太平洋プレートはフィリピン海プレートやインドオーストラリアプレートに近づいていく．これらの場所のように，隣り合った2枚のプレートがお互いに近づく方向に運動している場合，このプレート境界を収束型の境界とよぶ．収束境界は大きく分けると2通りの形態をとる．1つは，インドとユーラシア大陸の境界のように，比較的大きな大陸ののったプレート同士が近づく場合で，この場合はどちらのプレートも後に引かずぎゅうぎゅうと押し合って衝突する．衝突した結果が盛り上がったのがヒマラヤ山脈である．しかし，多くの場合は2つのプレートが近づきあうと，どちらかが他方の下になって地球深部に沈み込んでいく．このような収束境界を沈み込み帯ともよび，沈み込むプレートがもう一方のプレートの先端を引きずり込もうとする．そのため，その境界には

一般に深い溝状の地形が生じる（図3b）．これが海溝の成り立ちである．太平洋の中央海嶺で生まれたプレートは，東では中南米の大陸西岸に伸びる海溝で沈み込み，西では東北日本・伊豆小笠原からトンガに至る一連の海溝で沈み込む．世界で最も深い海溝は，グアム島の南西部に位置するマリアナ海溝の一部でおよそ1万1000mに達し，エベレストがすっぽり入ってしまうほど深い．実際に日本の近くの海溝の様子を見てみることにしよう（p.3第1章図2参照）．図5aは三陸沖合の海溝の海底地形を三次元的にあらわした図である．ここは太平洋プレートが東北日本の下へと沈み込むプレート境界で，日本海溝とよばれる海溝が延びている．海溝は深く細い谷のようである．一方，図5bは紀伊半島の沖合で，フィリピン海プレートが西南日本の下に沈み込んでいるプレート境界である．確かに周囲より深い海溝地形があるが，三陸沖とはかなり様子が違う．ここでは海溝は比較的浅く，溝というよりは底が平らな細長い窪地のようになっている．そのため，ここは収束型プレート境界であるけれど，海溝という名前は使われず，南海トラフという名前でよばれている．トラフというのは日本語では舟状海盆と訳され，文字通り舟底のような形をしているためにこうよばれているのである．海溝の形や性質の違いは，沈み込むプレートの年代や運動，沈み込まれる側のプレートの性質や環境によって決まる．南海トラフが舟底のような平らで比較的浅い底を持つのは，その北にある日本の中部山岳地帯から削られた土砂が大量に流入して底を埋めていることが大きな原因の1つである．南海トラフと日本の沿岸との間にはしわしわのひだがよったような地形を見ることができるが（図3b），これは南海トラフの底に溜まった陸起源の土砂やフィリピン海プレートに乗ってきた堆積物が，プレート境界でぎゅうぎゅうと押し付けられてできた構造である．

■沈み込み帯と地震

　沈み込み帯とその周辺では，非常に多くの地震が起きている．図6は比較的大きな地震が世界のどのような場所に起こっているかを示している．色は地震の起こっている深さを表す．この図からわかる大きな特徴の1つは，地震の大部分は限られた線の上に分布していることである．もう1つの特徴は，この線の中でもさらに限られた部分にだけ深い地震が起こり，そこでは地震が浅いほうから深いほうへ連続的に分布していることである．深い地震が起こっている場所は地形的には海溝に一致す

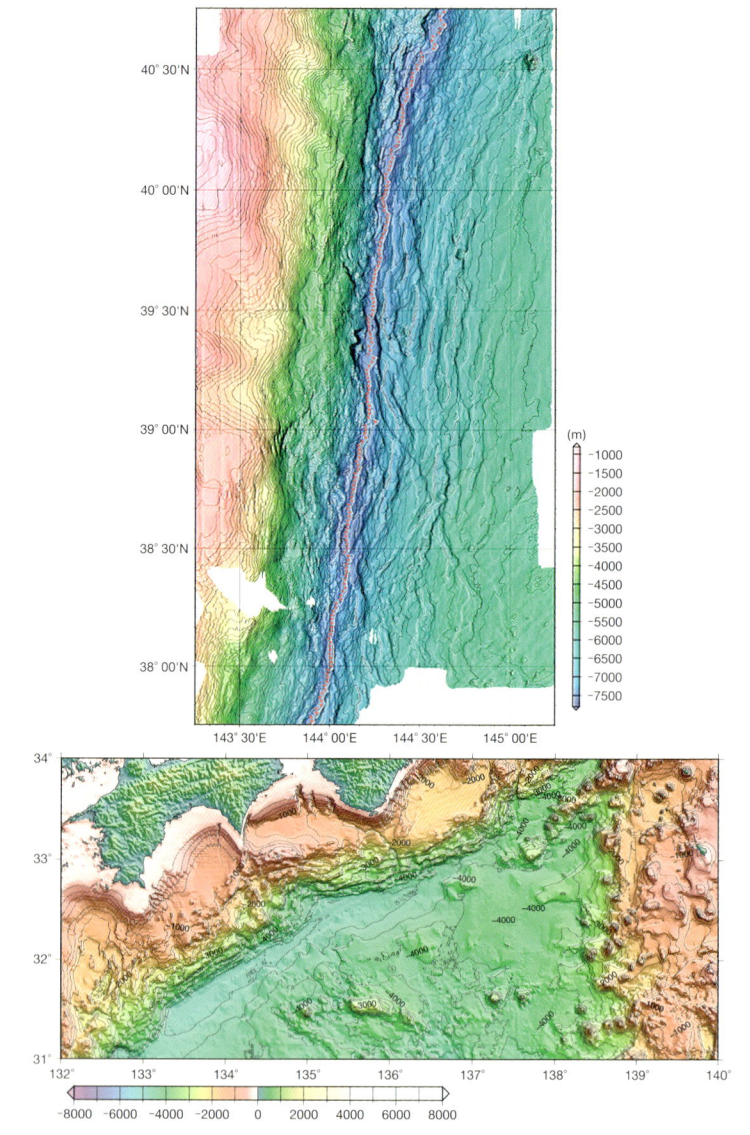

図5 沈み込み帯で見られる海底地形
a) 三陸沖の日本海溝．赤い点線が海溝軸を示す．太平洋プレートが東北日本の下に沈み込むことによって，狭く深い溝地形が発達している．図は佐々木智之氏による．
b) 紀伊半島沖の南海トラフ．フィリピン海プレートが西南日本の下に沈み込むが，中部出岳自体からの大量の土砂が海に供給され積もった結果，溝というよりは浅く平らな底を持つ凹地がのびている．データは海上保安庁海洋情報部の水深データセット J-EGG による．

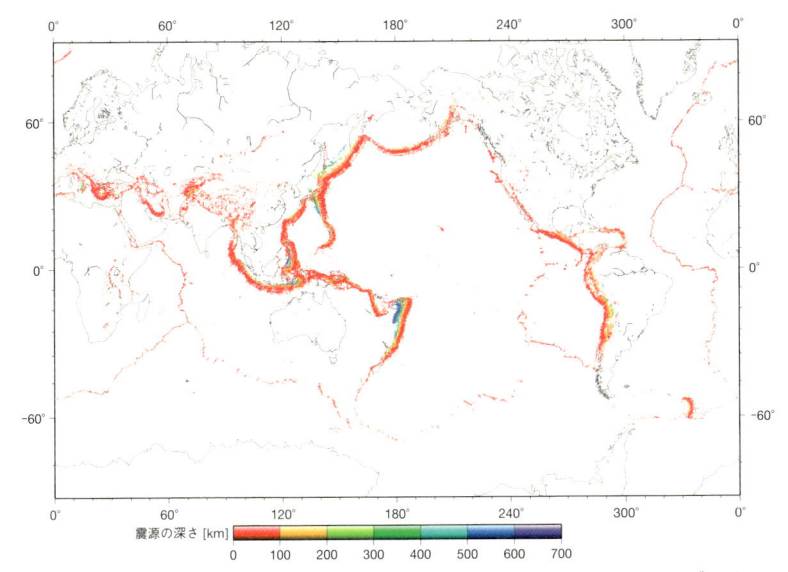

図6　世界の地震分布．色は震源の深さを示す．1973~2007年までに起こったマグニチュード4以上の地震に限る．震源データは米国地質調査所のデータベースによる．

る．地震がこうした特徴的な分布をすることは，プレートテクトニクスの考えを取り入れることで初めて合理的に説明できるようになった．プレートは固い板のようなものなので，その内部ではおおむね変形は起こらず，地震のような地学現象が起こるのはプレートどうしが接する境界部にほぼ限られる．線状に分布する地震はまさにプレート境界を観測でとらえた結果といえる（p.76図2参照）．発散型プレート境界である中央海嶺に沿って起こる地震は浅いものばかりである．一方，海溝に沿っては地下700 km近くまで地震が起こる．このような深い地震を深発地震と呼ぶが，深発地震の分布をみると海溝部では浅い地震が起こり，海溝から離れるにしたがって徐々に地震の深さが深くなることがわかる．地震の分布がちょうど海溝から地球深部にさしこんだ板の上に起こっているように見えるのである．このことは，海溝部ではプレートが地下深部に沈み込んでいて，地震は沈み込んだプレートで起きていると考えると説明がつく．

　沈み込み帯を特徴づけるのは深発地震だけではない．マグニチュード8を越えるような巨大地震は沈み込み帯でしか起こらない．このような巨大地震は，プレート沈み込みにともなって沈み込まれる側のプレート

の端が引きずり込まれ，ある限度を越したときにもとに戻ろうと跳ね返ることで起こる．これはまさにプレート境界が地震を起こす断層面になっているタイプで，地球上で最も大きなエネルギーを持つ地震を起こす仕組みである．日本の沿岸で過去に大きな被害をもたらした南海地震や関東地震などはこのタイプの地震である．これらは海溝のごく近くすなわち海で起こるので，津波の被害をもたらすことも多く，社会的にも影響の大きい地学現象の1つである．この他にも，沈み込み帯周辺ではプレートが沈み込む時に曲げられることでプレートが割れて起こる地震も起きる．これは沈み込む側のプレートで起こるので，日本列島を例にとると海溝よりもさらに海側に震源がある．1933年の昭和三陸地震はこのタイプであったと考えられている．

■沈み込み帯と火山

千島から南西諸島までつながる日本列島や東京から南へ延びる伊豆小笠原諸島は，太平洋プレートとフィリピン海プレートの沈み込み帯に沿って延びている．伊豆小笠原諸島は火山島が点々と飛び石のように南北に並んでいるが，海底を見ると島々の間に海面に顔を出していない海底火山が綿々とつらなっていることがわかるだろう（p.3第1章図2参照）．私たちの住むこの地域はなぜこのような「火山列島」なのだろうか？

発散型プレート境界である中央海嶺では，地下にある高温のマントル岩がプレートの隙間を埋めるように上昇してくるため，地温曲線が変化して岩石の一部が溶け始めてマグマができることを図5bで見てきた．一方，収束型プレート境界である海溝では，もともとプレートの隙間はない．かわりに，海溝から地下深部に向かってプレートが沈み込んでいる（図4b）．プレートの上部は堆積物や玄武岩マグマが固まった地殻だが，これらの中には水が含まれている．岩石中に取り込まれていた水は，プレートが地下深部に沈み込んで圧力の高い状態になると絞り出され，沈み込むプレートとその上にある沈み込まれる側のプレートの間のマントルに放出される．図5で，マントルの岩石の溶け始めの温度は圧力によって変化することを示したが，実はこの温度曲線は岩石にどれくらい水が含まれているかによっても大きく変化する．図5cの緑色の線は岩石が水を含まないという条件のもとで，岩石が溶け始める温度を示している．一般には岩石は水が加わると溶けやすくなり，同じ圧力なら低い温度でも溶け始める．つまり，水が含まれたマントルを考えると，図5cのよ

うに溶け始め温度曲線が変化し，地温勾配と交わるようになるのである．こうして，溶け始め温度が下がることで沈み込み帯の内側（沈み込まれるプレート側）の地下深部ではマグマが発生し，上昇をはじめ，最終的に火山として地表に現れる（図4b）．火山の位置はプレートから水が絞り出される場所で決まるので，海底では海溝に沿って列をなすように分布することになる．火山や島が海溝沿いに弧を描くように並ぶので，沈み込みにともなって起こるタイプの火山を島弧の火山とよんでいる．ただし最近の研究では，水が加わることによって溶ける岩石の量はさほど

Column
海底地震計

　海底地震計とは，その名の通り海底に設置するために特別につくられた地震計のことである．地震の大半は海で起こるが，比較的小規模な地震まできちんと観測しようとすると，震源に近い海域で地震観測をしなければならない．また，地球の表面の7割は海なので，陸上の観測だけでは観測点の分布に偏りがでてしまい，地球全体の構造もよくわからない．海底地震計の開発が始まったのは1960年代であるが，水深数千mの深海底での観測は容易なことではなかった．深海は低温で水圧のかかった世界なので，低い温度でも安定して作動する機器や電池が要求されるうえ，圧力でつぶれない耐圧容器におさめなければならない．さらに，船で設置や回収をどのように行うかも問題である．初期の地震計は大型で作業性が悪く，ロープで船から降ろしたりしていたが，現在では直径50cmほどの耐圧球（ガラスやチタン）を用いた自己浮上型の地震計が主力である．耐圧球の中には，水平を保つ機構にのせた地震計のセンサーと，電池，データ収録部，正確な時計などが組み込まれている．この耐圧球は水に浮くように浮力材を使って調整されており，球の下にフレーム兼おもりとなる重い脚がつく．また，球の上部には船と音響通信できる装置が取り付けられる．地震計を設置する場合は，船から投入し，自然落下にまかせることが多い．回収する際には，音響信号によりおもりとなっている脚を切り離して球体の部分だけが自己浮上してくるので，海面に浮かび上がってきたところを船で回収する．現在では，1年の長期観測に耐えるものも開発され，世界の様々な海で，自然地震や人工地震の観測が行われている．また，自己浮上型だけではなく，海底ケーブルなどに接続して連続観測を行っている場所もある．（沖野郷子）

（写真提供　東京大学地震研究所）

多くはなく，島弧の下のマントルはなんらかの原因で高温になっているのではないかとの考えもでてきている．

　島弧の火山の場合，地下深部から上がってきたマグマは地表に到達する前に上にあるプレートを突き抜けてこないといけない．これは上に隙間のある中央海嶺の火山とは大きな違いである．上にあるプレートを突き抜けてくる時に，マグマは周囲の岩石の一部を溶かして取り込むため，島弧の火山は単にマントルの一部を溶かしてできたマグマとは異なり，場所や時間によって様々な化学組成を示す岩石をつくり出している．こうして島弧の火山活動によってつくられる地殻は，実は大陸の地殻によく似ている．島弧の火山の多くは海面から顔を出していない海底火山だが，構成する岩石の性質という観点から見ると，中央海嶺でつくられる海底とは異なり，海の中の小さな陸地と呼んだほうがよいかもしれない．

■ 海底の温泉〜海底熱水系

　日本国内の様々な地方では，火山とともに温泉が湧き出している．海底の火山も同様で，中央海嶺の火山にも島弧の火山にも温泉がつきものである．最初に海底の温泉がみつかったのは1970年代の後半のことで，太平洋の中央海嶺の探査をしていた潜水船が発見した．火山の周辺では地下の温度が高く，浸み込んだ海水が温められて温泉が湧くこと自体は予想のつくことであったかもしれないが，実際に海底から400℃に至る高温の真っ黒な熱水が噴き出していること，そしてその周囲に未知の生物が群がっていたことは大きな衝撃であった．海底に浸み込んだ海水は，地下で高温に熱せられると周囲の岩石との間で化学反応を起こし，マグネシウムなど海水に多く含まれる元素の一部を海底に沈殿させて落とし，かわりに岩石中のマンガンや鉄などを溶かし込む．こうして海水とは全く異なる組成の熱水ができ，海底の割れ目などを通じて噴出するのである．熱水噴出孔のまわりに築かれた生態系は，陸上や浅い海の環境とはまったく違い，太陽のエネルギーを利用していない．熱水から供給されるイオウやメタンなどの化合物からエネルギーを合成する細菌をもとに，それらの細菌と共生するもの，さらにそれらを食べるもので構成された，いわば地球そのものを食べる生態系である．現在では，熱水の組成や生態系にもいくつかのタイプがあることがわかっており，熱水系を支えている地下の構造や岩石がこれらのタイプを決めているのではないかと考えられている．

このように，海底は沈黙の世界でも死の世界でもなく，生きている地球の姿が最もはっきりと現れる場所である．そして，広い海底にはまだたくさんの未知の世界が広がり，多くの謎が残されている．

Column
サイドスキャンソナー

　海底を調査するためには，音波や超音波を使うことが多い．音波を使った観測機器には色々あるが，これらを総称してソナーとよんでいる．ソナーの観測でもっとも基本となるのは水深を測ることである．音波がソナー（たとえば船に取り付けられている）から出て，海底で跳ね返り，再び戻って受信されるまでにかかる時間を計測し，海水中の音波速度とかけ算をすると水深が求められる．一方，海底で跳ね返ってくる音波の強さも重要な情報を含んでおり，この強さを測ることを主とするソナーもある．潜水艦が安全航行のために前方に音を出して障害物がないかを確認するソナーもこの一種である．海底調査の目的ではソナーは下向きに音波を出し，ソナー直下から海底を横方向にスキャンするように調査するものが多く使われ，サイドスキャンソナーとよばれている．海中での減衰の効果を補正してやると，海底ではねかえってきた音波の強さは海底の地質と地形の2つの要因で変化すると考えられる．たとえば，新しい溶岩が流れたところは，古い溶岩の上に柔らかい堆積物がたまっている場所にくらべ，跳ね返ってくる音波が強い．細かい泥が堆積しているところよりも，粗い岩石がごろごろしているところのほうが，強い音波が返ってくる．また，ソナーの方向に向いた崖があった場合は，崖面からの強い反射がソナーに戻ってくるので，崖の高さが小さく水深差がわずかでもその存在や形態がわかる．サイドスキャンソナーはちょうど音響で海底を照らして写真を撮っているようなものであり，得られるデータは直感的にも普通のモノクロ写真と同じように見ることができる．　　　　（沖野郷子）

（写真提供　東京大学大気海洋研究所）

引用文献およびWebサイト一覧

1. Fujikura K, Lindsay D, Kitazato H, Nishida S & Shirayama Y (2010) Marine Biodiversity in Japanese Waters. PLoS ONE 5(8): e11836.
2. FRAニュース No.23 (2010) http://www.fra.affrc.go.jp/bulletin/news/fnews23.pdf
3. 農林水産省水産庁「水産白書」http://www.jfa.maff.go.jp/j/kikaku/wpaper/index.html
4. 海洋政策研究財団「海洋白書2010−日本の動き世界の動き」成山堂書店.
5. チャールズ・ダーウィン, 荒川秀俊訳 (2010)「ビーグル号世界周航記」講談社.
6. Report on the Scientific Results of the Voyage of H.M.S. Challenger during the years 1872-1876.
   本書のスケッチを紹介するWebサイトが2004年に作成されている。http://www.19thcenturyscience.org/HMSC/HMSC-INDEX/index-illustrated.htm
7. Banner AH (1974) Kaneohe Bay, Hawaii, Urban pollution and a coral reef ecosystem. Proceedings of the Second International Symposium on Coral Reefs. Vol.2.
8. Brown BE, Tudhope AW, Le Tissier MDA & Scoffin TP (1991) A novel mechanism for iron incorporation into coral skeletons. Coral Reefs 10: 211-215.
9. Bryant D, Burke L, McManus J & Spalding M (1998) Reefs at Risk. A map based indicator of threats to the world's coral reefs. World Resource Institute (WRI) et al., Washington DC. http://www.wri.org/publication/reefs-at-risk
10. Brown BE (1987) Worldwide death of corals: natural cyclic events or man-made pollution? Marine Pollution Bulletin 18: 9-13.
11. 鈴木 淳, 谷本陽一, 川幡穂高 (1999) サンゴ年輪記録:過去数百年間の古海洋学的情報の復元. 地球化学, 33: 23-44.
12. 川幡穂高, 鈴木 淳 (1999) サンゴ年輪を用いた高時間解像の環境解析—アジアモンスーン，ENSOに伴う海洋表層環境の復元—. 海の研究 8: 141-156.
13. Dodge RE, Jickells TD, Knap AH, Boyd S & Bak RPM (1984) Reef-building coral skeletons as chemical pollution (phosphorus) indicators. Marine Pollution Bulletin. 15: 178-187.
14. Kumarsingh K, Laydoo R, Chen JK & Siung-Chang AM (1998) Historic records of phosphorus levels in the reef-building coral Montastrea annularis from Tobago, West Indies. Marine Pollution Bulletin 36: 1012-1018.
15. Hanna RG & Muir GL (1990) Red Sea corals as biomonitors of trace metal pollution. Environmental Monitoring and Assessment. 14: 211-222.
16. Scott PJB & Davies M (1997) Retroactive determination of industrial contaminants in tropical marine communities Marine Pollution Bulletin 34: 975-980.
17. Kawahata H, Ohta H, Inoue M & Suzuki A (2004) Endocrine disrupter nonylphenol and bisphenol A contamination in Okinawa and Ishigaki Islands, Japan - within coral reefs and adjacent river mouths -. Chemosphere 55: 1519-1527.
18. McCulloch MT, Fallon S, Wyndham T, Hendy E, Lough J & Barne D (2003) Coral record of increased sediment flux to the inner Great Barrier Reef since European settlement. Nature 421: 727-730.
19. Shen GT & Boyle EA (1987) Lead in Corals: reconstruction of historical industrial fluxes to the surface ocean. Earth and Planetary Science Letters 82: 289-304.
20. Shen GT & Boyle EA (1988) Determination of lead, cadmium and other trace metals in annually-banded corals. Chemical Geology 67: 47-62.
21. Shen GT, Boyle EA & Lea DW (1987) Cadmium in corals as a tracer of historical upwelling and industrial fallout. Nature 328: 794-796.
22. Dodge RE & Gilbert TR (1984) Chronology of lead pollution contained in banded coral skeletons. Marine Biology 82: 9-13.
23. Inoue M, Suzuki A, Nohara M, Kan H, Edward A & Kawahata H (2004) Coral skeletal tin and copper concentrations at Pohnpei, Micronesia: possible index for marine pollution by toxic anti-biofouling paints Environmental Pollution 129: 399-407.
24. http://www.cger.nies.go.jp/ja/library/qa/6/6-1/qa_6-1-j.html
25. 内山奈美 (2007)「海洋性発光細菌Photobacterium leignathiにおける発光遺伝子の系統解析」東京大学大学院新領域創成科学研究科環境学研究系自然環境学専攻 修士論文.
26. McFarland WN (1971) Cetacean visual pigment, Vision Research 11: 1065-1076.
27. Koito T, Kubokawa K, Tanabe S & Miyazaki N (2010) Phylogenetic analyses in cetacean species of the family Delphinidae using a short wavelength sensitive opsin gene sequence. Fisheries Science 76: 571-576.
28. Levenson DH & Dizon A (2003) Genetic evidence for the ancestral loss of short-wavelength-sensitive cone pigments in mysticete and odontocete cetaceans. Proceedings of the Royal Society London B 270: 673-679.
29. Bowmaker JK & Hunt DM (2006) Evolution of vertebrate visual pigments. Current Biology 16: R484-489.
30. http://www.nodc.noaa.gov/OC5/WOA09/pr_woa09.html
31. Broecker WS (1991) The great ocean conveyor. Oceanography 4: 79-89.
32. Nakayama N, Obata H, & Gamo T (2007) Consumption of dissolved oxygen in the deep Japan Sea, giving a precise isotopic fractionation factor, Geophys. Res. Lett. 34: L20604.
33. IPCC fourth assessment report: Climate Change 2007 (AR4), Synthesis Report, Pachauri RK & Reisinger A (Eds.) IPCC, Geneva, Switzerland.
   http://www.ipcc.ch/publications_and_data/publications_ipcc_fourth_assessment_report_synthesis_report.htm (日本語要約もある)
34. Martin JH, Gordon RM, Fitzwater S & Broenkow WW (1989) Vertex: phytoplankton/iron studies in the Gulf of Alaska. Deep Sea Resarch Part A 36: 649-680.
35. http://www.cpc.ncep.noaa.gov/products/analysis_monitoring/
36. 「海洋堆積学の基礎」英国オープン大学編. 野村律夫訳 (1998) 愛智出版.
37. Lisiecki EL & Raymo ME (2005) A Plio-pleistocene stack of 57 globally distributed benthic $\delta^{18}O$ records. Paleoceanography 52: PA1003.
38. 池原実ほか (1997) 南太平洋におけるアルケノン古水温の変動. 名古屋大学加速器質量分析計業績報告書 8: 81-90.
39. 池原研 (2001) 深海底タービダイトを用いた南海トラフ東部における地震発生間隔の推定. 地学雑誌 110: 471-478.
40. 寺島紘士ほか (2007)「海洋問題入門—海洋の総合的管理を学ぶ」海洋政策研究財団編 丸善.

第2部

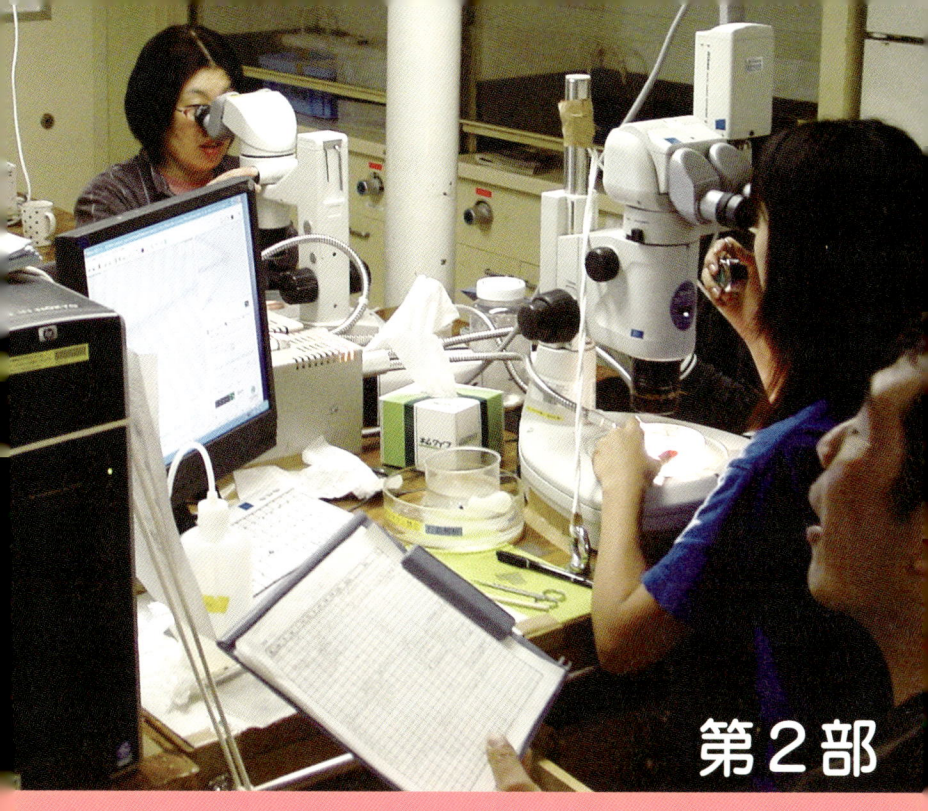

進学する
学生生活をのぞいてみよう

プロフィール・研究

海底の大山脈，中央海嶺を調べる

山岡香子
東京大学

　1982年生まれ．千葉県出身．AB型．幼少より研究者を志す……わけもなく，木に登ったり，食べられそうな草を探したり，庭にビニールシートを張って寝てみたり，かなり野性的な少女時代をすごしました．おしゃべりで好奇心旺盛な子どもでした．一方で，図画工作など手先を使うことも好きでした．高校の授業では，国語が得意で数学が大の苦手．理科（生物・化学）は好きでしたが得意というほどではなく，しかも地学はありませんでした．しかし，漠然と自然科学を勉強したいという思いがあり，大学選びの過程で地球科学という分野があることを知りました．また，ジェームズ・ラブロック（James Lovelock）のガイア理論に関する本を読み，「地球は環境と生物が相互に関係し合って恒常性を保つ，一つの大きな生命体である」という考えにも影響を受けました．地球科学の扱う対象の空間・時間スケールの大きさに強く惹かれた私は，運良く東北大学理学部地学系に入学することができ，大学院に進み修士課程まで修めた後に，現在は東京大学に在籍して博士号をとるために励んでいます．

　大学での卒業研究は，有孔虫というプランクトンの化石を使って，過去の海洋環境がどのようなものであったかを調べるものでした．一方，修士の研究では，研究対象をがらりと変えて，熱水環境での生命発生説を検証するため，アミノ酸の熱安定性を調べる実験を行いました．そして現在は，過去の海洋地殻の岩石を使って，中央海嶺の地下で起こっている熱水循環について研究しています．このように研究分野をころころと変えてきたのは，私の飽きっぽい性格も原因の1つではありますが，特定の対象（モノ）ではなく，現象（仕組み）を研究したいというスタンスだからでもあります．分野を大きく変えることには一長一短ありますが，幅広い知識を身に付けることは，柔軟な考え方をするために役立つと思います．

●**ある1日のスケジュール**

　次ページの円グラフは研究所でのある1日．下は分析に行っているときのある1日．

研究所でのある一日

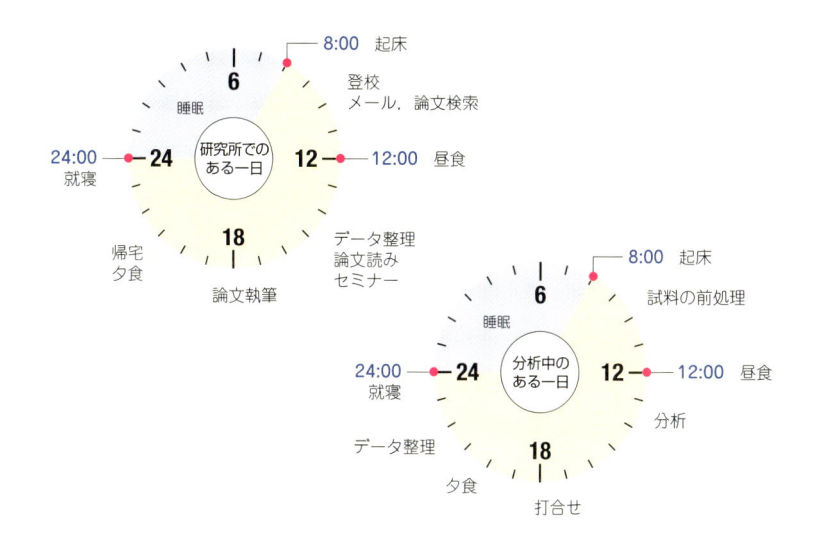

- 8:00 起床
- 登校、メール、論文検索
- 12:00 昼食
- データ整理、論文読み、セミナー
- 論文執筆
- 帰宅、夕食
- 24:00 就寝
- 睡眠

分析中のある一日

- 8:00 起床
- 試料の前処理
- 12:00 昼食
- 分析
- 打合せ
- 夕食
- データ整理
- 24:00 就寝
- 睡眠

●ある1年のスケジュール

　博士課程になると，ほとんど講義はなく，自分の研究を自分で計画を立てて進めることになります．研究の4本柱は，①仮説・アイデア，②調査・証明，③考察・まとめ，④発表，です．まず，関係する論文を広く読み，現時点でどこまでわかっているのかを把握することが重要です．科学の世界の共通言語は英語なので，英語をたくさん読み，そして書くことになります．文献はインターネットで検索し，新しい論文ならたいていファイルをダウンロードすることができます．古い論文になると図書館に行ったりして探しますが，数十年前の年季が入った論文をコピーするときは，なかなか感慨深いものがあります．私の現在の研究では，他の研究機関の機械を使わせてもらって分析することが必要なので，そこでは泊まり込みでひたすら試料の前処理や分析をします．1回あたりの滞在期間は大体2週間から1ヵ月ですが，思うように結果が出なければ何回も行くことになります．この1年では，計100日以上分析に行きました．やっと良い結果が出たら，データを図にしたり，他の人のデータと比べたりして，考えをまとめていきます．研究所の所属部門では，1週間に1回セミナーがあって，研究の進行状況を発表したり，他の人の研究内容を聞いたりします．セミナーは，学会発表の練習の場にもなります．ようやく成果がまとまったら，学会で発表して，自分の研究をアピールします．同時に論文を書き上げて，雑誌に投稿します．無事に

4月	研究計画を立てる．試料の分析，データ解析
5月	学会発表
6月	論文書き，試料の分析
7月	試料の分析
8月	シンガポールで学会．論文投稿
9月	ドイツでシンポジウム
10月	データ整理．論文書き
11月	中間発表．試料の分析
12月	論文書き
1月	博士論文審査
2月	論文書き．博士論文提出
3月	卒業式

審査を通り抜けて雑誌に印刷されれば，晴れて自分の研究成果が世に出た，ということになります．1日のスケジュールは，セミナーなどを除けば特に決まった時間割はないので，自律的な生活をする必要があります．年間スケジュールでも，自分で参加する学会を決めたり，分析に行く日程を組んだり，休みをとったりします．もちろん頑張らなければ良い結果は出ませんが，長い時間やれば評価されるというものでもありません．スポーツと同じで，結果がすべてなところが厳しい点でもあります．

● **中央海嶺の熱水活動**

　新しい海洋プレートがつくられている中央海嶺は，地球をぐるりと取り巻くように7万km以上も連なる海底の大山脈です．この大山脈はすべて火山です．火山の多い日本には温泉がたくさんありますが，火山でできている中央海嶺にも，同じように温泉がたくさんあります．でもお湯の温度は300℃以上なので，とても入ることはできませんね．海底は水の圧力が高いので，100℃でも水が沸騰しないのです．このお湯（熱水）は，海底の割れ目から浸み込んだ海水が，地下のマグマに温められて，海底へ噴き出しているものです．地下では岩石と熱水が反応するので，熱水は岩石からもらった金属元素をたっぷり含んでいます．まわりの冷たい海水に冷やされると金属元素が沈殿し，黒い煙のように見えるので，ブラックスモーカーとよばれています．周辺では，熱水に含まれる硫化水素などを利用してエネルギーをつくる細菌を共生させているチューブワームや二枚貝も多く見られます．太陽の光が届かない深海で，

中央海嶺の温泉は生物のオアシスとなっているのです．さらに地下深くにも，高温で生きられる非常に原始的な細菌が住んでいるのではないかと考えられており，生命誕生の謎を解く鍵として注目されています．

●オマーン・オフィオライトの分析

　さて，中央海嶺の地下では，どれくらいの深さまで海水が浸透し，どのような反応が起こっているのでしょうか？　実は，実際の海洋地殻を深くまで掘って調べることは難しいため，今のところ直接的にこの疑問を解決するための試料はありません．そこで，過去の海洋プレートが陸上に乗り上げたものである，オフィオライトとよばれる岩石を調べることで，間接的に中央海嶺地下の環境を知ることができます．アラビア半島のオマーンには世界最大のオフィオライトがあり，海洋地殻からマントルにまで至る海洋プレートの断面を見ることができます．私も2007年に実際にオマーンに行き，オフィオライトを見学しましたが，本来は海底のさらに地下5kmよりも深いところにあるマントルの中を歩くのは，とても不思議な感じがしました．私の研究は，これらの岩石に含まれる元素の濃度や同位体を分析することです．岩石の化学組成には，海水と高温で反応したときの記録が残されているのです．

オマーン・オフィオライトにて枕状溶岩の上に立つ筆者．

オマーン・オフィオライトの分析（高知コアセンターにて）
試料の前処理を行っているところ．試料中の濃度が低く，外部からの混入が影響しやすい元素の分析は，空気中のホコリが極めて少ないクリーンルーム内で行う必要がある．衣服からもホコリが出ないように，無塵衣を着ている．

●学会やシンポジウム

　成果がまとまったら，学会で発表します．発表は，口頭でする場合と，ポスターでする場合がありますが，どちらの場合でも，人にわかりやすく伝えることが大事です．口頭の場合は発表時間が決められているので，時間内にきちんと理解してもらえるように，またインパクトを与えられるように，見やすいスライドを準備したり，原稿を考えてしゃべる練習をしたりします．人前でしゃべるのは緊張しますが，多くの人に自分の研究をアピールするチャンスです．ポスターの場合も，足を止めて見てもらえるような，きれいで見やすいレイアウトを考えてつくります．ときには徹夜で準備することもあります．海外の学会では，英語力のなさを痛感することもしばしばですが，一生懸命説明すれば，みな熱心に聞いてくれます．手厳しい意見をもらって落ち込むこともあれば，興味を持ってもらって自信をつけることもあります．学会の他にも，勉強会のようなシンポジウムもしばしば開かれます．学会やシンポジウムで海外に行ったら，合間の観光や現地の食事も楽しみの1つです．むしろ最大の楽しみといってもよいかもしれません……．これまでに研究関連で訪れた国は，アメリカ，オーストリア，ドイツ，シンガポール，オマーンです．

●大学院生とお金

　皆さんの中には，研究に使うお金をどうやって得ているのか疑問に思う，堅実な人もいることでしょう．一人暮らしをしていればなおさら，日々の生活にもお金がかかります．いつまでも親に頼ってばかりもいら

れないし，かといってアルバイトに明け暮れていたら研究が進みません．そこで，大学院生を金銭的に支援するためのいくつかの制度があります．ひとつは奨学金です．日本学生支援機構が行っている奨学金制度が代表的なもので，将来的に返さなければいけませんが，月10万円程度の安定した収入源となります．他にも，民間団体や企業が行っている奨学金制度があります．大学には，ティーチング・アシスタントやリサーチ・アシスタントという制度があります．これは，たとえば大学生向けの講義のアシスタントなどをするアルバイトで，月数万円の収入になります．また，自治体や財団法人，企業などが行っている，研究助成金に申請し，採択されると，実験に必要なものを買ったり，学会に参加したりという，研究に必要なお金を得ることが出来ます．博士課程の大学院生は，研究計画書を日本学術振興会に申請し，特別研究員として採用されると，2年から3年間，月20万円の給料と，年数十万円の研究費をもらうことができます．大学院生の暮らしは，決して贅沢ができるわけではありませんが，支援制度があるため，それほど悲観的になる必要はありません．

●勉強と研究

　この本を読んでいる皆さんの中には，いま学校で勉強している方もいることと思います．では，勉強と研究の違いは，いったいなんでしょうか？　勉強とは，教科書に書いてあること，つまりすでに確立された知識を理解し，吸収することです．一方，研究とは，教科書に書いていない，まだ誰も知らない知識を構築することです．つまり格好よくいえば，最先端の「知」の開拓，ということになります．未開拓の現場では，皆が思い思いに色々な考えを主張していて，どれが正しいのかまだわかりません．皆のいうことを鵜呑みにするのではなく，よく見極めなくてはなりません．そのうえで，自分のデータが持つ意味を様々な角度から検討して，一番確からしいと思う考えを構築します．私が自然科学を研究しているわけは，研究を通して物事を様々な角度から見たり，論理的に考えたりする力を身につけ，人生を楽しみたいと思ったからです．日々の生活で出会う出来事も，すぐに決めつけたり，人の言うことに頼ったりせず，自分の頭でいろんな角度から考えてみると，おもしろさが見えてきます．皆さんも将来の進路を考えるとき，まず何になりたいかではなく，どんな生き方をしたいか，どんな人間になりたいかを考えることが，後悔しない選択につながるのではないかと思います．

プロフィール・研究

ナメクジウオから進化を解き明かす

丹藤由希子
東京大学

　私は大学院博士課程の学生です．現在の研究室には大学を卒業後の大学院修士課程から所属し，浅い海の底に潜って生息しているナメクジウオという動物の体内調節系を研究しています．ナメクジウオは体長4cmほどの小さな動物で，分類でいうと私たちヒトと同じ脊索動物門に入りますが，背骨がありません．私たちがこの動物に注目するのにはわけがあります．それは，ナメクジウオは魚類から哺乳類まですべての脊椎動物が出現する前の原型をとどめていると考えられているからです．この動物の神経系や内分泌系がどのようになっているのかを調べることで，脊椎動物の神経系や内分泌系がどのように進化してきたのかを明らかにすることが私の目標です．

●ある1日のスケジュール

　私の研究は，採集してきたナメクジウオを研究所で飼育し，その遺伝子やタンパク質を調べ，組織切片といってナメクジウオを非常に薄くスライスしたものをつくって観察したりします．このような実験は時間がかかることが多いので，だいたい毎日のように実験室で実験をしています．実験の内容によっては待ち時間が長い時もありますので，その時には調べ物やデータの整理をします．たまに友だちと近くのお店にご飯を食べに行ったりもします．

　週に一度は研究室のミーティングがあります．実験の進行状況の報告，研究の情報交換や連絡事項の確認をするなど，研究室のメンバーにとっては貴重な時間です．また，研究所では外来の研究者の方が時々いらして研究を発表して下さるセミナーがあり，興味をもったものには参加しています．研究ばかりの毎日のようですが，研究所内ではパーティーがよく行われ，研究室間の交流と息抜きになっています．

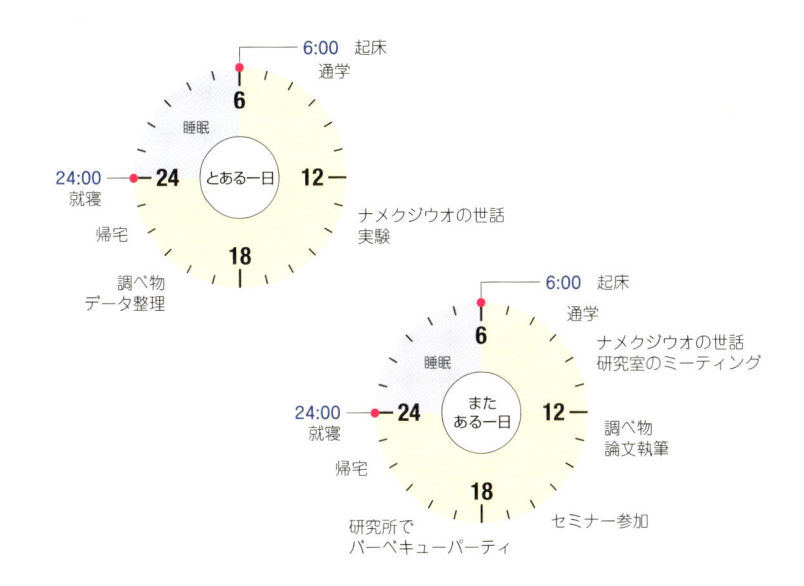

とある一日
- 6:00 起床
- 通学
- ナメクジウオの世話 実験
- 睡眠
- 24:00 就寝
- 帰宅
- 調べ物 データ整理

またある一日
- 6:00 起床
- 通学
- ナメクジウオの世話 研究室のミーティング
- 調べ物 論文執筆
- セミナー参加
- 研究所でバーベキューパーティ
- 帰宅
- 24:00 就寝
- 睡眠

● **ある1年のスケジュール**

　実験室での実験は通年行っていますが，時期によって特に忙しいとき，そうでないときがあります．4月，研究所は新入生の初々しい顔であふれます．この時期になると自分も入りたての頃を思い出して身が引き締まる思いがします．6月の香港での学会は初めて英語で発表をしました．大変緊張しましたが，何事も経験あるのみです．夏はナメクジウオの産卵シーズンで忙しい時期です．毎朝の飼育水槽の海水交換とエサやり，

4月	新メンバーが研究室に研究室に入ってくる．研究所もにぎやかな雰囲気に
5月	外国から外来研究者が来日して一緒に実験
6月	ナメクジウオの採集と飼育．香港の国際学会で発表
7月	ナメクジウオ産卵観察が始まる．研究所の一般公開でナメクジウオを展示
8月	引き続き産卵観察，幼生の飼育
9月	静岡で学会発表．遅い夏休みで帰省
10月	大阪で学会発表
11月	投稿論文と博士論文を書く
12月	投稿論文と博士論文を書く．ふんばりどころ
1月	博士論文の提出．審査会
2月	博士論文の製本．データの整理
3月	サンプルの整理．卒業式

夜の産卵行動の観察という日々が1ヵ月ほど続きます．動物は人間の都合に合わせて産卵を待ってはくれませんので，サマータイムならぬナメクジウオタイムが導入されます．しかし他の実験もあるのでナメクジウオにつきっきりでいるわけにもいかず，体力的にはきつい時期です．そんな忙しい夏が終わると秋は学会が目白押しです．研究発表の他に，最新の研究成果を手に入れることも学会参加の目的です．学会後は博士論文の執筆が待っています．これまでの研究の集大成ですから，まとめるのも大がかりです．

●ナメクジウオの話

私が研究しているナメクジウオの寿命は3～4年です．その大部分は海底に潜っていますが，産卵は海底から泳ぎ出てきて水中で行われます．受精卵はそのまま水中を漂いながら発生を続けて2日のうちにナイフのような形をしたプランクトン幼生になります．この幼生は水中に浮いたまま1cmほどに成長します．1ヵ月ほどすると，変態して海底に着底し，成体の仲間入りをするのです．

ナメクジウオは脊椎動物への進化を理解するために重要な位置付けの動物なのですが，実験室での繁殖がまだ完全にできるようになっていません．そこで繁殖のメカニズムがどうなっているのかを知るために，私たちは毎年夏にナメクジウオの産卵を観察しています．産卵は夜に行われます．ナメクジウオは光を嫌うので私たちは産卵が始まるまで真っ暗な部屋で張り込みをします．いくら辛抱強く待っていても結局産卵がなく，空振りの日もしばしばです．しかしその甲斐あって，ナメクジウオの産卵様式はずいぶん明らかになってきました．

●いざ，海へ

ナメクジウオを探して，研究船に乗って航海にも行きます．船上では

小さいうちは水中生活をするナメクジウオ．研究室でナメクジウオの完全飼育ができるようになれば，もっと研究者が増えるかも知れない．体長は約4cm

採集された海底の砂泥を扱っている様子は工事現場さながら．

　機械を使って大きな採水器，プランクトンネット，あるいは採泥器を海中に降ろし，海水やプランクトン，海底の砂泥を採集します．作業は力仕事や泥まみれのことが多く，まさにガテン系です．いつのまにか身だしなみにも頓着しなくなり，平気でスッピンで歩くようになります．

　船上での作業は昼夜関係なく行われるので，ワッチという4時間ごとの班体制がとられます．しかし担当時間以外でも自分のサンプルが採れた時には仕事をするので，実際はもっと働いていることが多いです．居室は相部屋で二段ベッドです．寝ている時以外は大体作業をしているので，ほぼ寝るためにのみ使われる部屋です．大きな揺れで扉が開かないように，ロッカーや引き出しにはロックが付いています．入浴は順番に時間を決めて1日おきに入ります．早朝や深夜にシャワーだけ使えるので，ほぼ毎日入浴できますが，船上では真水が貴重なので，お湯は極力節約します．それから，何といっても船上では体力勝負なので，船の食事は盛りだくさん，メニューも豪華です．船酔いするとつらい時間ですが，そうでなければ食事は唯一の楽しみとなるに違いありません．

● **ナメクジウオの採集は漁船で**

　大規模な研究航海は年に1～2回ほどで，私達が普段実験に使っているナメクジウオの採集には，漁船を使って年に4～5回ほど行きます．採集地は愛知県の沖合10 kmです．最寄りの漁港からいつも協力してく

船上にて．大漁に満面の笑みを浮かべるナメクジウオ研究者たち．

れる地元の漁師さんの漁船に乗り，採集地点に着いたら船上からロープをつけたドレッジとよばれるスチール製の円筒を海底に投入します．ドレッジを海底でしばらく引きずり，船上に引き上げると円筒の中には砂が詰まっています．ここで台所用の柄付きザルを使って（上の写真参照）船上で砂をふるい，ナメクジウオをより分けるのです．一心不乱に下を向く作業は船酔いとの闘いです．揺れないでくれとの願いむなしく木の葉のように揺れる船上でドレッジとふるいを数回繰り返し，ナメクジウオを採ります．しかしこの採集，なかなか思うようにはいきません．天気が悪い時は海に出られませんし，漁師さんが忙しくて漁港で3時間待つこともあります．引き上げたドレッジの中にナメクジウオが入っておらず何度もやり直しをする時もあります．そして，船酔いして一刻も早く陸に上がりたい時に限ってドレッジが空振りだったりするのです．

● **国際学会に参加する**

　研究の結果がまとまってくると，国際学会で発表する機会にも恵まれます．私はインドと香港で開催された国際学会で口頭とポスターでの発表をしました．インドの学会は私にとって初の海外であったこともあり，非常に有意義な体験でした．国内の学会といちばん異なることは，英語が公用語ということです．日本人だけではないのであたりまえですが，

研究に英語は必須です．またこれは世界中で同じように研究が行われていることを意味します．普段実験室にこもっていると気づきにくいことですが，研究というのは大変国際的な活動です．

インドの学会で思い出深かったのは食事です．食事の時刻になると，なんと給仕さんたちが会場外の広場に即席のビュッフェをしつらえて食事を振舞い，これまた野外のテーブルで立ち食いでした．最初の食事はカレーでした．しかしまさか毎回カレーが続くことはあるまい．これは甘い考えでした．初めのうちは物珍しさも手伝って楽しんでいましたが，毎食続くカレーを前に皆のテンションは下がってゆき，5日間で改めてインドカレーの奥深さを思い知ったのです．

● **休日になったら**

研究は自分のペースで進めるため，土日も仕事をすることは珍しくありません．自由に時間を使えることを利点とするか，決まっていた方が楽だとするかは個人の判断ですが，少なくとも研究はやれといわれてやるものではありません．これは大学までの勉強と大きく違う点です．それでは，いつも研究をしていて休みはないのかといったら，そんなことはありません．研究を忘れて過ごす日も，次の日からの活力のために必要です．

とある休みの日，私は通っている気功体操の教室に行きます．デスクワークが多いと体がたいへんこまるのですが，気功体操で体も頭もすっきりしますし，仲間と和気あいあいの教室は研究から日常生活の世界に抜け出した感じで，気分もすっかりリフレッシュします．趣味の古本屋めぐりは，ついつい時間が経つのを忘れてしまう至福のひと時です．高価な専門書が破格の安値で売られているのを見つけることもあります．読みたかった本を買った日は大満足．うまくいかないことや，つまずくことの方が多いのが研究ですが，このように過ごした日の夜は必ず，次の日も研究がんばろう，と思えるのです．

プロフィール・研究

水産大学校で学ぶ

上田　碧
水産大学校

　はじめまして．独立行政法人水産大学校海洋生産管理学科4年の上田碧（まゆら）です．兵庫県出身で瀬戸内海に面した小さな町で育ちました．幼いころから活発で，外で遊ぶことが大好きな子供でした．住んでいる町が海に近かったので，幼いころから，祖父や祖母によく釣りや潮干狩りに連れて行ってもらった記憶があります．思い返せば，このような経験があった事が，私が海を好きになった理由かもしれません．私は正直言ってこの大学のことを高校3年の夏まで知りませんでした．受験のきっかけとなったのは，高校の時の生物の先生が勧めてくれたからでした．もともと生物が好きなこともあり，海の生物に魅力を感じ，この学校に入学しました．将来は，船乗りとして生物のことを調査する調査船に乗りたいと思っています．

●ある1日のスケジュール

　4年生になると，4月から研究室に配属され，授業を受けながら卒業論文の作成に向けて研究を進めていきます．普段のスケジュールは，9時頃に大学に着いて，授業を受けるか研究室に向かいます．研究室では研究の資料整理や実験準備，データ解析などを行います．そして，12時になったらお昼をみんなで食べに行きます．これが大学にいるときの一

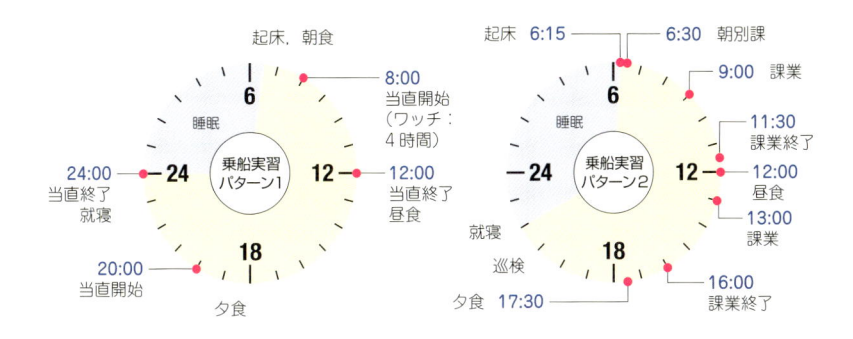

乗船実習パターン1
- 6:00 起床、朝食
- 8:00 当直開始（ワッチ：4時間）
- 12:00 当直終了 昼食
- 18:00 夕食
- 20:00 当直開始
- 24:00 当直終了 就寝
- 睡眠

乗船実習パターン2
- 6:15 起床
- 6:30 朝別課
- 9:00 課業
- 11:30 課業終了
- 12:00 昼食
- 13:00 課業
- 16:00 課業終了
- 17:30 夕食
- 巡検
- 就寝
- 睡眠

番の楽しみです．その後も研究室で過ごして，6時くらいに帰宅します．ほとんどの学生は一人暮らしで学校の周りに住んでいるので，夜に集まり，一緒にご飯を食べたり，お酒を飲んだりすることもよくあります．これが水大生の仲のいい秘訣だと思います．

次は，後学期に参加する遠洋航海実習中の日常を紹介します．航海当直で見張りをすることをワッチと呼びます．船は24時間休まずに航海が続けられますので，3チームが輪番で，1回4時間のワッチに立ち，船を運航していきます．また，海洋調査や漁業実習の海域では，船内一丸となって作業が行われます．また，通常航海中には，船内にある教室で授業も行われます．

●ある1年のスケジュール

4年生は4月にそれぞれの希望の研究室に配属され，研究室でのセミ

4月	研究室に配属
5月	研究内容の検討
6月	授業および研究のデータ集め
7月	海技試験
8月	研究のデータ解析
9月	研究発表
10月	遠洋航海実習（東南アジア，南太平洋方面）
11月	遠洋航海実習
12月	遠洋航海実習
1月	遠洋航海実習，帰港
2月	国内航海（東京湾・伊勢湾・大阪湾・瀬戸内海方面）
3月	卒業式
4月	専攻科入学

ナーが始まります．この配属された時から9月末までに研究論文を仕上げます．5月からは，本格的に研究で何をテーマにするかなどを教授と決めていきます．今回私は，救命胴衣に関する研究として一人乗り漁船における海中転落の対応措置に関する研究を行っています．6月，7月はデータを集めていき，8月，9月で論文を仕上げます．また，8月には海技実習といって慣海性を高めるために1年生が行う実習で，カッター操艇や遠泳，ロープワークなどを4年生が指導する場面もあります．4年生後学期の10月から2月までに，遠洋航海実習として，東南アジアや南太平洋の4，5ヵ国に寄港する国際航海が行われます．私も4年間の集大成として，この遠洋航海実習に参加し，船の知識を学びたいと思っています．

●研究の様子

私は前述したとおり，救命胴衣に関する研究として一人乗り漁船で海に落ちた場合の対処をどうするかという研究を行いました．この研究は大学近隣の漁港に行き，あらかじめ作成した質問文を使い，実際に一人乗り漁船で操業されている漁業者の方々から，聞き取り調査するといったものでした．これまで，漁師さんたちと話す機会はあまりなかったので，とても貴重な体験でした．漁師さん達は顔は強面でしたが，暑い外で聞き取り調査を行っていたら，逆に，冷たい缶コーヒーを差し入れていただくなど，とても優しく協力してもらいました．中には80歳代で現役の漁師さんもおられ，しゃきしゃき歩いて，揺れている船に乗り込む姿には驚かされました．私も年をとっても元気でパワフルなおばあちゃんになりたいと思いました．

私の研究室には先輩を含め学生が11人おり，とてもにぎやかな研究室です．時には先生を交え，お喋りを楽しんだりします．他大学より少し，先生と学生の距離が近いのがこの大学の特徴ではないかと思います．

●実習乗船

海洋生産管理学科では2年次と3年次に，それぞれ2週間と1ヵ月間の乗船実習があり，航海当直やトロール漁業実習，CTD（塩分濃度や水温等を計測する装置）観測などの実習を行い，船の運航だけでなく，生物や海洋環境等の様々な分野の知識を学べることが出来ました．とくに，トロール操業では，今まで見たことのない生物が水揚げされ感動したこ

遠洋航海の出航

とを覚えています．
　また，水揚げされた漁獲物を食堂でみんなで試食したりもできます．さらに，4年生の後学期に行われる遠洋航海実習では，東南アジアや南太平洋など外国の港へ寄港することも予定され，遥か遠洋海域でどんな体験ができるのか，とても待ち遠しくてたまりません．私自身，卒業後は専攻科船舶運航課程への進学を希望していますので，残された1年半の大学生活を，さらに充実したものにしていきたいと思います．

● キャンパスライフ

　この4年間を振り返ってみると，他の大学では出来ないような，様々な体験ができたのではと思います．私はダイビング部に所属しており，いろいろな場所へ行って潜ってきました．それは，私にとってとても有意義な時間であり，思い出すたびに心がワクワクするような体験ばかりです．図鑑や獲った後でしか見ることの出来ないような魚を，海中で間近に観察できたり，自然の雄大さ，命の尊さ，そして自然の驚異などを知ることも出来ました．
　特に，ダイビング部の先輩や友達たちと，2009年の皆既日食で有名になった，トカラ列島の宝島で，ほぼ自給自足の生活を送ったことが，いい思い出として残っています．漁師さんの許可を取り，スペアフィッシ

太陽の高度を測って船位を求めます

海図で航路を確認します

ング（もりつき）で魚を獲ったり，釣りをしたり，そして夜には仲間たちと砂浜に寝転がって，星を見ながら眠りについたりもしました．あのときの星空は一生忘れないと思います．これからも，悔いの無い様に一生懸命遊んで，学んでいきたいです．

● 我が校の練習実習船

　水産大学校は，最新鋭の調査機器を搭載する2隻の練習船を保有し，世界中の海域で練習航海が行われています．特に，2007年6月に竣工した耕洋丸は，日本国内の水産・海洋系大学の練習船の中でも最大級の規模を誇っています（P.105写真）．船内には，Wet用とDry用の2室の研究室が備えられ，多様な海洋調査に対応するための各種科学調査機器を利用し，データの収集・解析が行われています．また，学生教室も2室あり，航海中は専任教官をはじめ，船長，機関長，航海士，機関士の方々の講義が盛りだくさんに行われます．この教室には，操船シミュレータ，航海情報のモニター装置，ワイドスクリーンのAV装置なども備えられ，運航技術の自習をしたり，休憩時間には映画鑑賞会なども催されます．

　学生用の居室は，4人部屋となっていますが，全ての部屋に大きな窓が設置され，オーシャンビューを楽しむことができます．また，机やソファーも備え付けられています．浴室，トイレは女子学生専用となり，

快適です．食事は，司厨長はじめ4名の司厨部の乗組員によって調理され，美味しくて食べ過ぎ気味となってしまいます．

●卒業後の進路

女子の先輩方は，毎年，クラス定員45名のうち3〜5名程度いらっしゃいます．航海士としてご活躍の先輩をはじめ，海事関連企業や水産企業で陸上勤務に就かれたりしています．

おもな，進路先は以下のようなところです．

航海士
・水産庁（農林水産省），独立行政法人水産総合研究センター
・都道府県（水産試験場などの漁業調査船，漁業取締船）
・水産大学校の練習船，他の水産・海洋系大学の練習船
・外航海運会社（日本郵船株式会社など），内航フェリー会社
・航海士として経験後，海洋・水産系高等学校の教員

海技を活かした陸上勤務
・海事関連企業，船舶管理会社，海事検査・検定業務
・水産関連企業，航海機器メーカー，海洋調査機器メーカーなど

その他，大学院進学など

水産大学校の練習船「耕洋丸」．2352 t，学生60名が乗船できる．

帰港式

第3部

仕事にする
働く現場をのぞいてみよう

> プロフィール・仕事

海洋汚染調査に携わる

清水潤子
海上保安庁海洋情報部環境調査課　主任環境調査官

　海上保安庁海洋情報部は，海の地図である「海図」を作成することが主な業務です．海図の作成には，水深をはかることはもちろん，潮の満ち引きなどの様々な情報も必要となります．海での測量や各種観測のため長年にわたり培われた海洋調査技術を駆使し，現在では大変多岐にわたる業務を行っています．海図・電子海図や水路誌等の航海用刊行物，水路通報や航行警報など，海上交通に不可欠な情報の提供がメインの仕事ですが，防災や環境保全に関係する調査・研究・情報提供も行っています．

　その中で私が入庁以来もっとも長く携ってきたのは海洋汚染調査です．海洋汚染調査室では大きく分けて，石油，PCB，重金属等を対象とした「海洋汚染調査」と人工放射性同位体を対象とした「放射能調査」の2種類の業務があります．両調査とも，試料の採取から分析・データの解析までをすべて自分たちで行うところが最大の特徴だと思います．

●海洋汚染調査との出会い

　私は大学・大学院と化学を専攻しており，就職にあたっては「何か環境保全に役立つ仕事を」と考え，環境庁（当時）のような官庁やその関係の研究所への就職を念頭に公務員試験を受験しました．いざ合格して

放射能実験室での分析の様子．大量の試料を確実に処理するための工夫がたくさんあります．

ある一日

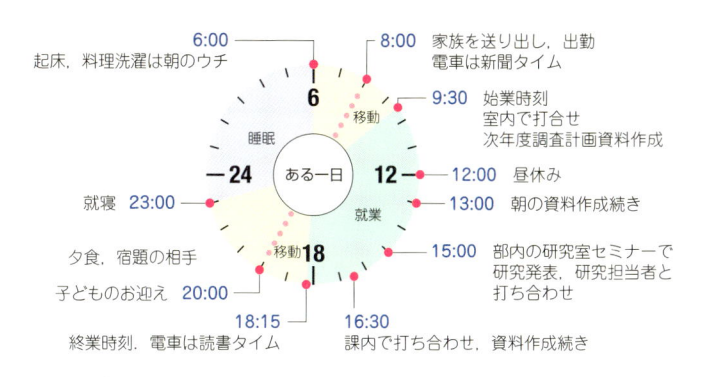

- 6:00 起床．料理洗濯は朝のウチ
- 8:00 家族を送り出し，出勤 電車は新聞タイム
- 9:30 始業時刻 室内で打合せ 次年度調査計画資料作成
- 12:00 昼休み
- 13:00 朝の資料作成続き
- 15:00 部内の研究室セミナーで研究発表，研究担当者と打ち合わせ
- 16:30 課内で打ち合わせ，資料作成続き
- 18:15 終業時刻．電車は読書タイム
- 20:00 夕食，宿題の相手 子どものお迎え
- 23:00 就寝
- 睡眠

手にした化学の試験合格者の採用省庁一覧に「海上保安庁」があるのを見つけ，いったいなぜ海上保安庁に化学の採用が？ と情報収集のつもりで訪問してみたのが海洋情報部（当時は水路部）との出会いでした．

なので，私はそれまで自分が海で働くようになるとはまったく考えていなかったわけですが，化学物質の合成や物性の研究で身につけた機器分析の経験などは，海洋汚染調査の仕事でそのまま役に立ちました．

●ある1日のスケジュール

海洋情報部は，基本的に9時半から18時15分までの勤務です．海洋汚染調査室メンバーがもっとも時間を割いている業務は試料の分析で，勤務時間いっぱい実験室で化学分析や計測をしていることが多いです．また，海域試料採取のための乗船調査も必要なので，その準備片づけや大小の機材整備等もあり，手や体を使う技術的な仕事が大きな位置を占めます．

私自身も以前はほとんど毎日白衣で実験室，という生活をしていましたが主任環境調査官となってからは，ほぼデスクワーク中心です．たとえば予算要求の資料作りや質問対応，調査計画の作成や船との打合せ，庁内関係部局や他省庁との各種調整，調査結果の総括的取りまとめなど．さらに現在は定常調査とは別途，研究調査を実施している関係で，調整事項が多くなっています．

●ある1年のスケジュール

海洋汚染調査や放射能調査については，暦年ごとの調査結果を報告書としてまとめて，一般に公開しています．年間のスケジュールは期限内

春〜夏	測量船による試料採取のため，出張による不在者の多い時期です．試料分析もどんどん進めます． 次年度予算要求資料作成もこの時期．化学分析をしているのは庁内で少数派なので，ちょっとしたことを理解してもらうのが大変． 例年6月の環境化学討論会では，なるべく発表をして海以外の環境化学関係者に海域での調査について知ってもらおうと努めています．
夏	公務員は7〜9月の間の都合の良い3日間の夏季休暇が取れます．たいていは年休をつけて，交代で1週間ほど休暇をとります．
秋	試料採取のための出張がほとんど終わり，試料分析をバンバンと進める時期です．
秋〜冬	次年度の具体的な業務計画を練る時期です． 報告書の取りまとめのための追い込みもかかります．
冬	報告書の完成と公表．これで1年の業務が完了です． 年度末に海洋情報部研究成果発表会や海洋学会の春季大会があるので，ここでもできるだけ発表をして，海洋関係者に，化学物質汚染に関心を持ってもらおうと努めています．

にこの報告書を公開することを目標に組まれていきます．

　調査のために必要な海域試料は，管区海上保安本部において巡視船等で採取したものを本庁に送付して来るものもありますが，本庁の測量船に海洋汚染調査室の職員が乗船して採取する試料も多く，室メンバーのほとんどが交代で2〜4週間程度の航海に年間1〜2回出ています．

●研究について

　定常的な海洋汚染・放射能調査に加えて，私が現在力を入れて取り組んでいるのは，沖合海域における残留性有機汚染物質（Persistent Organic Pollutants: POPs）の研究調査です．

　POPsとしては，ダイオキシンやPCB，DDTあたりが有名で，高い毒性，生物の体内への蓄積や食物連鎖による濃縮，環境中での残留性といった特徴があります．揮発性による長距離移動性もあるので，地球規模での汚染が問題となっています．化学物質は，海に出てきたら無限大希釈されて問題ない，というのが旧来の考え方でしたが，POPsのような物質については，たとえば沖合海域のごく低濃度の汚染でも無視できない問題と考えています．

　海上保安官として海洋環境を守るのはもちろんですが，海を鏡として化学物質管理に貢献するという観点も重要であると考えています．

●海洋情報部の測量船

　海上保安庁の船艇というと，海難救助や不審船の取り締まりなどで活

採水器.
日本海の放射能調査では3000m級の海域から各層100Lの試料を採取するので,採取された海水試料は何百個もの20L容器に入れて実験室に持ち帰ることになります.

採泥器.

躍する巡視船がよく知られていると思いますが,海洋情報業務を行うための専用の測量船もあります.本庁海洋情報部に大型船が5隻,管区海洋情報部に小型船が7隻あり,日々測量や海洋観測をしています.

測量船の職員は巡視船などで救難や取り締まりの業務をするのと同じ海上保安官が人事異動で回ってきます.測量船には航海科,機関科等の船舶の運航に必要な職員のほか,「観測科」という科があるところが巡視船との違いです.観測科には海洋情報部の職員が人事異動で回っています.そのほか,「上乗り」として,その時々の調査航海に関係する陸上職員が数日〜数週間乗船することがあります.

●海洋情報部のへの採用と任用

海上保安庁の職員の大半は,高卒相当で受験できる海上保安学校または海上保安大学校に入学し,教育訓練を経て各部署に採用となっていますが,海洋情報部では大卒相当で受験できる国家公務員Ⅰ種試験からの技術系の採用も毎年若干名あります.

海洋情報部の採用のほとんどを占める海上保安学校については,「海洋科学課程」の学生として1年間,海洋観測や測量の基礎から学びます.Ⅰ種試験採用者は海洋物理や地質学等の地球科学系の専攻者が主流ですが,最近は水産専攻者の採用も増えています.一方,素粒子物理,物性

物理や数学など，海とほとんどかかわりを持たない専門出身の職員も少なくなく，私もその1人です．それぞれの元の専門の知識を生かしつつ，採用後の業務を通じて専門家に育っていきます．

海洋情報部では海洋研究室といって，各分野から集められた職員が海洋情報業務の技術の進歩等に必要な研究を行っており私も数年間所属していました．行政機関の中に研究機関が含まれている珍しいケースです．

海図は国際的なルールにもとづいて作成，刊行されている関係で，国際的な業務も多く，国際水路機関に派遣されている職員がいます．在外公館に派遣されている職員や，技術協力で海外の海洋調査機関に派遣される職員もおり，国際的に活躍する場がたくさんあります．

その他海上保安庁の教育機関である海上保安大学校の教授等の職や，警備救難部等の庁内他部への人事異動もあるので，海洋情報部採用職員は，行政職，研究職，外交官，教育職，公安職と，多種類の職種を経験するチャンスがある，非常に珍しい職場といえます．

●女性職員について

海上保安庁で女子の採用を始めてから20数年経ちましたが，コンスタントに採用し続けています．海洋情報部職員の中では，技術系Ⅰ種試験採用者の場合，最近の若手では7～8人に1人が女性職員です．海上保安学校海洋科学課程からの採用はもう少し女子の比率が高いようです．海上保安庁全体では2％もいないと聞いているので，海洋情報部は女性の比率はかなり高いほうといえます．

本庁の大型測量船5隻のうち3000トンクラスの昭洋と拓洋は，「女子諸室」として女子専用のお風呂・トイレ・洗面所・洗濯機が用意されておりますし，居室も個室で，ドアにインターホンがついていますので，問題なく暮らせます．女性の乗組員が配置されることもあります．残る500トンクラスの3隻は，スペースの関係で「女子諸室」がないので，女性の乗組員は配置されません．上乗りとしても基本的に女性職員は乗れないことになっていますが，その調査の担当としてどうしても女性職員が必要なときは乗船することもあります．やむを得ずお風呂を時間制にしたり，共用のトイレの1つを女性専用にしてもらったりします．今後女性職員が増えていくと女性の乗船機会もますます増えるでしょうし，男性職員の皆さんにも生活上の不便をかけるので，できるだけ多くの船に女性専用設備を増やしてほしいと思っています．

プロフィール・仕事

マイワシやマサバの資源管理を研究する

渡邊千夏子
独立行政法人水産総合研究センター中央水産研究所　資源評価部資源動態研究室主任研究員

　独立行政法人水産総合研究センター中央水産研究所に勤めて16年になります．農学部の水産学科を卒業し，せっかくだから水産にかかわる仕事をしたいと思い，国家公務員試験を受けました．行政職と研究職どちらを希望するかと聞かれて研究職を希望し，中央水産研究所に配属が決まりました．

　現在は，主にマイワシやマサバといった大衆魚の資源管理に関する業務と研究をしています．業務は国の行政施策に直接かかわる責任の重い仕事です．研究課題も担当しており，データを収集，解析，シミュレーションなどを通じて考えをまとめます．

● **ある１日のスケジュール**

　ある１日を振り返ってみました．この日は大きな会議と会議の合間で，特に急ぎの仕事もなく，普段たまっていた作業や，勉強をしました．研究室でのティータイムも普段はなかなか人がそろいません．１年の中でこのような日は珍しいほうです．

　私の勤務はフレックスタイム勤務で，午前８時45分始業，昼休みを30分とり，17時30分終業です．子どもが小学生なので，本来45分の昼休みを30分にし，その分勤務時間を減らせるという制度を利用し，ほぼ毎日17時30分きっかりに帰宅します．多くの研究者は裁量労働制といって，

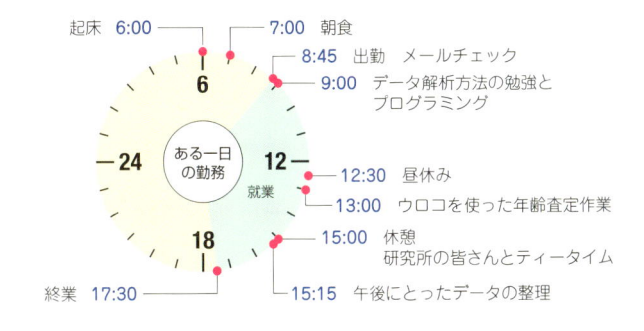

ある一日の勤務

- 起床　6:00
- 7:00　朝食
- 8:45　出勤　メールチェック
- 9:00　データ解析方法の勉強とプログラミング
- 12:30　昼休み
- 13:00　ウロコを使った年齢査定作業
- 15:00　休憩
　　　　研究所の皆さんとティータイム
- 15:15　午後にとったデータの整理
- 終業　17:30

始業・終業時刻に縛りがない勤務形態をとっています．どのような勤務をするかは個人の事情で決めることができます．

　私の仕事は，主にデスクワークとデータを採るための作業です．なるべく午前中は論文を読むなどの勉強や情報収集に使い，午後はデータを採るための単純作業や，データの整理をするようにしています．年に何度か出張も入ります．業務のための打ち合わせと会議がほとんどです．

●ある1年のスケジュール

　年度はじめには，前年度の業績を評価し本年度の目標を設定します．
　私たちの研究室は，国の委託事業の一部を担当しています．大きな事業は，今後数ヵ月の漁模様を予測する漁海況予報会議（年3回）と，日本周辺の水産資源の資源量を評価し生物学的許容漁獲量の提言をする資源評価会議の2つで，これらの事業を中心に1年が回っていきます．残念ながら業務の合間を縫うように研究課題をこなしていくというのが現状で，勉強したいこともたくさんありますが，なかなか進みません．研究室ではこの他に3回の調査航海がありますが，私は家庭があるため乗船しません．その分，他の同僚には負担をかけてしまっています．

●水産資源の管理と評価

　マイワシやマサバといったいわゆる大衆魚の漁獲量は，1990年代以降大きく減少してしまいました．特に1980年代の終わりからの，マイワシやマサバといった浮魚類の減少が顕著です．この浮魚類の減少は，地球

4月	業績評価の面談
5月	実験，データ解析等
6月	会議準備開始
7月	漁況予報のための会議
8月	資源評価会議のための準備
9月	資源評価のための会議
10月	全国資源評価のための会議準備，外国との漁業交渉に関する資料作成
11月	実験，データ解析等
12月	漁況予報のための会議
1月	実験，データ解析等，プロジェクト研究など研究課題の取りまとめ
2月	研究課題の報告書の作成
3月	漁況予報のための会議

標本の測定中の非常勤職員の方を撮影しました．年齢を調べるためにウロコを採取しています．ベテランの非常勤職員の方は仕事が正確かつ迅速で，なくてはならない存在です．人生の先輩でもあり，子育てや家庭のことでは，いつも相談に乗ってもらっています

規模の気候変動とリンクした，自然の変動であると考えられていますが，自然のサイクルにしたがえば回復するはずの芽を漁獲によって摘んできたという指摘も一方であります．水産資源の保全と漁業の存続を両立させ，持続的に水産資源を利用していくためには，漁業活動を管理していくことが必要です．

　日本では主に漁船の数や漁具の種類を許可する，許可制度によって漁業を管理してきました．さらに1997年の国連海洋法条約批准にともない，国内の漁業を許容漁獲量（Total allowable catch: TAC）を設定して管理する，いわゆるTAC制度が始まりました．私たちの研究室では，マイワシ，マサバ，ゴマサバなどの浮魚資源の資源量を評価するための調査と，生物学的にみた許容漁獲量（Allowable Biological Catch, ABC）の提言という業務を担当しています．

● 魚の年齢を知る

　許容漁獲量を決めるためには，海にどれくらいの量の魚がいるかを知らなくてはなりません．それが「資源量を評価する」ということです．資源量を評価するには，その基礎として，何歳の魚が何匹漁獲されたか？というデータが必要で，そのために漁獲量や漁獲物の体長組成の他，体

採取したウロコから年齢を読み取っています．ウロコ（左上の写真）には4本の年輪が見えています．欲張ってたくさんの個体を読もうとすると集中力が切れるので，1日の作業は2～3時間くらい，100個体くらいを目安に切り上げます

長と年齢の関係を知る必要があります．

　木の年輪のように，魚のウロコにも年輪があります．年輪は，水温が下がる冬から春にかけての産卵期に形成されます．水温が低いことと，エネルギーを繁殖に向けるために体の成長が滞るために，ウロコに成長の停滞の痕跡が刻まれると考えられています．年輪はくっきりしたものばかりではなく，ぼんやりとしか見えない輪もあれば，逆に1年に2本できたとおもわれる輪（偽輪）もあり，ある程度の経験が必要とされる仕事です．

　このような地道な作業が多くの人の手によって積み上げられて，資源評価報告書が作成されます．

●仕事と家庭

　就職して5年目に結婚，翌年に長男，1年半おいて長女が産まれました．結婚・出産にともない，仕事の方向を変えざるを得ず，時間もなくて当時はあせってばかりいました．今は仕事の責任が増して精神的にも

子どもの保育園時代の仲間4家族で出かける，毎年恒例のスキーツアーです．右手前に写っているのが私です．子どもたちばかりどんどん上達し，大人たちは，どちらかというと夜の部のほうが元気．そんな楽しい仲間とすごし，リフレッシュします

　身体的にもつらい毎日ですが，なんとか仕事を続けていられるのは家族のおかげです．子供を通じて貴重な友人もできました．仕事をしながらでも，家族を持つことができたことは，本当に幸運だったと思います．

　一昔前は，「女性が結婚後も仕事を続けていくためにはどうしたらいいか？」ということがよく語られました．私の答えは「己の身の丈を知って無理をしないこと」だと思うのですが，残念ながら回答するチャンスはありません．というのも，今は男女を問わず若手の研究者には任期付きの不安定な職しかなく，「続けられる仕事につき，家庭を持つこと」が難しくなっているからです．彼らを取り巻く状況の過酷さには言葉もありません．普通に仕事をし，家庭を持てる研究環境が整えられることを切に願ってやみません．

●休日の趣味

　普段家にいるときは，編み物，刺繍，裁縫など色々な手芸を楽しんでいます．ようやく子どもが成長し，自分の趣味の時間がとれるようになりました．編み物などの単純作業は，うつ病予防にもいいときき，気を良くしてますますいそしんでいます．

プロフィールと仕事

海洋調査をサポートする

大石美澄
日本海洋事業株式会社　海洋科学部

　日本海洋事業株式会社に入社して15年になります．大学では海洋地質学を学び，修士課程に進みました．在学中，海洋科学技術センター（現在の独立行政法人海洋研究開発機構，以下，JAMSTEC）の調査船に乗るチャンスがあり，海洋調査のサポートをする「観測技術員」という仕事に出会いました．

　入社当時は，1年に100日以上の乗船がありました．長い航海は出港から帰港まで約1ヵ月半ほどです．現在の私の仕事は，船上で研究グループ（約15名）をサポートする事で，観測に関わることから，陸とは勝手が違う船での生活に関するお手伝いまで，幅広いケアをします．1人対15人で大忙しの毎日です．

　私自身は研究しませんが，研究者が何を求めているのかを理解する事が大切ですので，日々の勉強は欠かせません．

●ある1日のスケジュール〈船上での生活〉

　船の上では，起きたらすぐ職場です．20分で着替えてブリッジ（操舵室）へ行きます（船では化粧をしない，と自分で決めていますので身支度は簡単……）．首席研究者や船長，機関長などは，毎朝ブリッジでその日の天候や作業の予定，乗船者の様子などの情報交換をします．そこに参加し，雑談も交えて情報収集します．

　この日の仕事は，水深5,000 mに設置する装置の組み立で，朝食のあと研究者と一緒に作業をしました．金属製のフレームにセンサーや，浮力になるガラス球などを取り付けます．3日がかりの作業でしたがついに完成です．作業のあとには，翌日の手順についてのミーティングです．この装置は，海面から自由落下で海底に落とし，そのあと海中ロボットで観測点へ移動するので，落下速度や水中での重さについて確認します．

●ある1日のスケジュール〈陸での生活〉

　この日は少し早く起きたので，お弁当をつくりました．午前中はメールの返信や，電話の対応しているうちに，あっという間に昼になってし

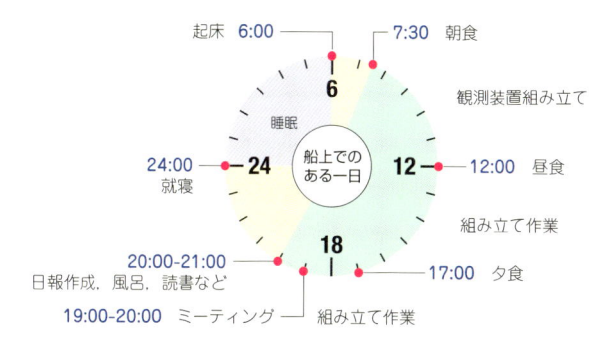

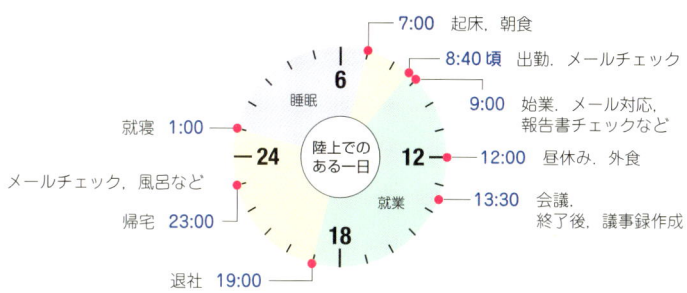

船上でのある一日
- 起床 6:00
- 7:30 朝食
- 観測装置組み立て
- 12:00 昼食
- 組み立て作業
- 17:00 夕食
- 組み立て作業
- 19:00-20:00 ミーティング
- 20:00-21:00 日報作成，風呂，読書など
- 24:00 就寝
- 睡眠

陸上でのある一日
- 7:00 起床，朝食
- 8:40頃 出勤，メールチェック
- 9:00 始業，メール対応，報告書チェックなど
- 12:00 昼休み，外食
- 13:30 会議，終了後，議事録作成
- 就業
- 退社 19:00
- 帰宅 23:00
- メールチェック，風呂など
- 就寝 1:00
- 睡眠

まいます．

　この日の午後の会議では議事録担当でした．夕方少し遅くなりましたが，どうにか書き上げ，上司にメールで提出しました．その他の事を終わらせて退社しようとしたところで，別の部署の人に呼び止められ居酒屋へ……．付き合いが良すぎて帰宅が遅くなりました．

● 最近のある1年

　前の年の終わりに立てた一年分の乗船計画に沿ってスタートします．4船分の仕事を航海の内容に応じて人数，担当を決めますので，調整には2ヵ月ほどかかります．

　毎年5月の第2土曜日にはJAMSTECの一般公開があり，観測装置の展示の他，体験乗船も行われ，家族連れもたくさん見に来ます．

　この年の8月には，自然科学を学ぶ大学生向けに行われた，JAMSTEC主催の「海洋と地球の学校」で，海洋観測の手法について45分間の講義をしました．

　9月と3月は半期の区切りで様々な書類のしめきりです．仕事は地味

4月	新入社員入社．1週間ほどの乗船が2回
5月	JAMSTECの一般公開で観測装置展示，説明．4月航海の報告書など
6月	定期健康診断．航海準備のあと，中旬から約1ヵ月の航海へ
7月	下船．8月末の講義用テキスト準備
8月	約20日間の乗船．下船後，「海洋と地球の学校」で講義
9月	上半期のまとめ色々
10月	報告書を書いたり，チェックしたり……
11月	淡々と事務仕事
12月	年内締め切りの書類仕事
1月	来年度の計画の検討・調整．月末に2週間の乗船
2月	下半期のまとめ．（花粉症の季節．涙）
3月	追い込み

ですがとても忙しい月です．特に年度末の3月は，翌年の計画を立てる仕事も加わり，更に花粉症で，辛い日々を送ります．

　この年の乗船は合計80日ほどで，国内の航海の他，外国の港（グアムとサイパン）での乗下船がありました．深夜に空港に着き，タクシーで港へ行く時は，運転手に，何しに行くのか，どんなことをするのか，と根掘り葉掘り聞かれました．

　観測技術員は船上で働きますが，船員ではありません．オフィスが船の上にもあるという感じでしょうか．陸にいる間は，土日祝日がお休みですが，乗船中に休日はありませんので，船を降りてからその分の休暇をとります．うまくまとめてとれればラッキーです．

● 船の生活：食事は？　お風呂は？？　船酔いは？？？

　食事は7：30，12：00，17：00で，時間厳守．メニューの選択は出来ませんが，1ヵ月乗っても飽きることはありません．お風呂も毎日使えます．私は乗り物に弱い方ですが，良く効く薬があるのと，数日すれば慣れてしまいます．でも，乗船前に睡眠不足だと，必ず酔います（涙）．

　入社した頃は他に女性の観測技術員はいませんでしたし，女性研究者も少なく「紅一点」のことがよくありました．設備も整っていませんでしたので，お風呂は時間制，トイレは共用でした．今ではJAMSTEC所有のどの船にも女性用のお風呂とトイレがあり，快適に暮らせます．10年ほどの間には，女性の観測技術員や研究者が増えただけでなく，自然科学を学ぶ女子大学生も増えました（イケメン船員を独り占めできなく

装置のバランスをみるために、天井クレーンで吊り上げるところです。クレーンのフックにロープをかけるためによじ登っています。見ての通り、「ヘルメット」、「安全靴」、「軍手」がユニフォームです。

別の航海のラボでの様子です。この航海は日本人と外国人が半々で、かつ、国籍は米国、カナダ、英国、フランスと様々でした。半月ほど一緒にいると、お国柄の違いが垣間見え、興味深い航海でした。

なりましたが……）。時には女どうしで盛り上がる航海もあります。最近、女性の船員も入社しました。仲間が増えることは嬉しいことです。

●ちょっとした楽しみ

　調査船は夜間も走りながら観測をするのですが、たまに漂泊している時には、釣り好きがどこからともなく釣り竿を取り出して、釣果を競っています。

　大自然を満喫できるのも外洋航海ならではです。毎日違う色の夕焼け雲、日の出・日の入、滅多に行く事のない離れ島など、まるで観光地に来たように写真を撮りまくります。研究者の中にも夕焼け愛好家は多く、何人もが並んで夕日を眺めている事もよくあります。

帆漕サバニ　　　　　　　　　　　　　仕事仲間と河口湖へ日帰りツーリング

● 船内生活の心得

　船員は，交代で24時間働いています．調査の内容によっては，研究者や私たちも同じです．隣の部屋の人が自分と同じ時間帯で生活しているとは限りませんので，大きな音でDVDを見たり，宴会をしたりするのは厳禁です．部屋から少し離れた食堂などで楽しみます．陸にいる時以上に，ちょっとした気遣いをすることで気持ちよく生活できるように，皆が気を付けています．

　また，仕事ですので時間厳守は当然ですが，船では「5分前行動」が原則です．安全第一ですから，何事も気持ちに余裕を持つためには時間の余裕が必要です．

● 仕事を離れても海

　サバニとは，沖縄の伝統的な外洋航海用のカヌーです．最近，知人がこれにはまり，巻き込まれました（笑）．私はまだ，漁港での練習でしか乗った事はないのですが，大きな調査船と違い海面が近く，わくわくします．セール（帆）が風を受けると，波の間を滑るように走ります．写真は，慶良間諸島〜那覇のレースの一コマ，応援するボートの上から撮影しました．

● 海からも離れて……バイク

　バイクは大学在学中に免許をとりました．写真は，会社や，仕事関連の知人と日帰りのツーリングへ行ったときのものです．船乗りには意外とバイク乗りが多いのです．

　あまり乗る機会はないと思うのですが……．

> プロフィール・仕事

水族館のお仕事

足立　文
新江ノ島水族館　学芸員　飼育技師

　小学校では，いわゆる'生きもの係'をやっていて，うさぎや鶏の世話を楽しんでいました．中学生になる頃，イルカとのコミュニケーションについて考えていました．高校生になると，地球外生命体について思いを馳せ，大学受験の頃にはエコロジーや共生という言葉に，敏感に反応していました．そして大学では，海産無脊椎動物のおもしろさにどっぷりはまり，その勢いで水族館の飼育係（担当はクラゲ）になり，まもなく勤続20年です．

　水族館の飼育係は，言ってみれば何でも屋．給餌や水槽掃除はもちろん，大工仕事もすれば，学会発表もします．そして「はーい，みなさんこんにちは！」などとショーにも出演したり，と，意外に多岐にわたる業務をこなしています．

● ある1日のスケジュール

　新江ノ島水族館は，基本的には朝9時開館，夕方5時閉館です．飼育係の勤務時間は朝8時半から夕方5時半までですが，なかなかその時間内だけでは作業は終わりません．水族館には，お客様にみてもらう展示

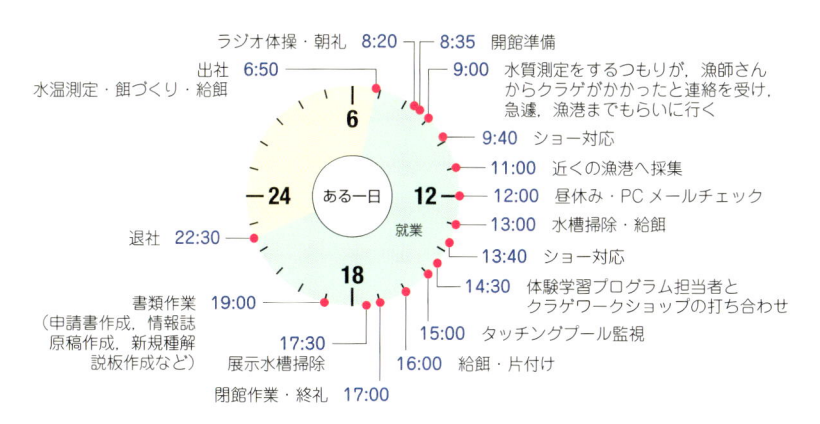

6:50	出社　水温測定・餌づくり・給餌
8:20	ラジオ体操・朝礼
8:35	開館準備
9:00	水質測定をするつもりが，漁師さんからクラゲがかかったと連絡を受け，急遽，漁港までもらいに行く
9:40	ショー対応
11:00	近くの漁港へ採集
12:00	昼休み・PCメールチェック
13:00	水槽掃除・給餌
13:40	ショー対応
14:30	体験学習プログラム担当者とクラゲワークショップの打ち合わせ
15:00	タッチングプール監視
16:00	給餌・片付け
17:00	閉館作業・終礼
17:30	展示水槽掃除
19:00	書類作業（申請書作成，情報誌原稿作成，新規種解説板作成など）
22:30	退社

水槽と，裏方で，新しく入った生物を収容したり，病気になってしまった魚を薬浴したりする予備槽がありますが，展示水槽の方は，やはりお客様が見ていない時間に作業をすることが多いです．たまに，柄つきのスポンジでガラスの汚れをこすったり，死んでしまった生物を取り出すために網を入れたりすると，壁越しに，お客様のビックリされた様子とカメラのフラッシュを焚かれた感じが伝わって来ることもあります．1日の仕事の中で，時間厳守のものは，ショーの運営ですが，それ以外の作業は時間的に融通の利く場合が多いので，その日の作業の流れを見ながら，臨機応変にこなしてゆきます．

●ある1年のスケジュール

1日も短いですが，1年があっという間に流れてゆきます．展示生物の入手は，自家採集，購入，他館との交換，繁殖などにより補充しますが，なかでも採集作業は，もともとそのようなことが好きでこの職業に就いた私たちにとっては楽しい仕事です．狙いの生物が採れる時期に合わせて採集計画を立てます．生物収集のために，漁船や調査船に乗せてもらうこともあり，これも役得といった感じです．成果を問われるので，プレッシャーはかかりますが……．そして実は，私たちのやるべき最も重要な仕事は，採集と飼育のあと，それらの生物を展示し，お客様に何かを伝えることです．集客効果も頭に入れて考えなければなりませんので，季節の行事に連動することも多いです．

4月	ゴールデンウィークの展示に向けて，展示計画を練る
5月	ゴールデンウィークの特別企画等の対応
6月	夏休みの特別展を念頭に入れ展示計画考案
7月	夏休みの特別展示の準備
8月	夏休みの特別展示運営．調査航海乗船
9月	研究会への参加
10月	エチゼンクラゲの採集のため遠征
11月	クリスマス仕様の展示計画考案
12月	クリスマス仕様の展示運営，新年に向けて水槽整備
1月	新年の展示運営，バレンタインデー展示の考案
2月	バレンタインデー展示運営
3月	年度末まとめ．新年度に向けて展示計画考案

エチゼンクラゲと一緒に

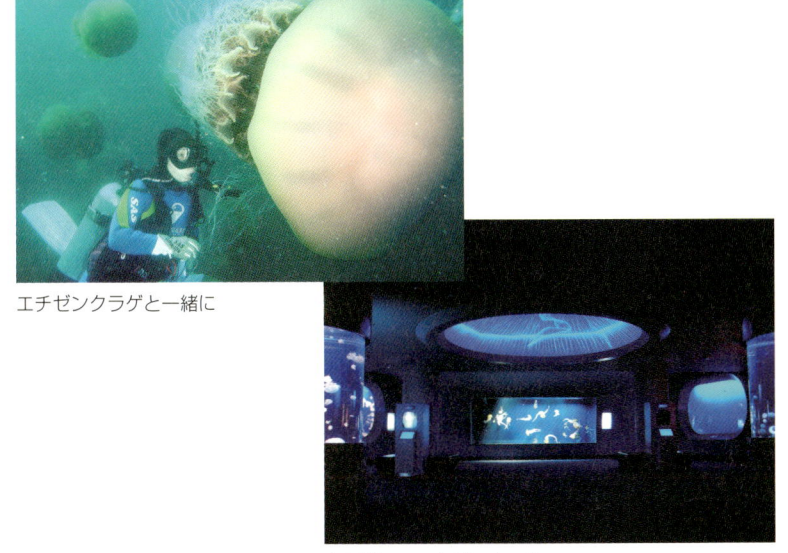

クラゲファンタジーホール

●クラゲの採集

　最も近くて，頻繁に通っている採集場所は，地元の江の島の漁港です．網とバケツを持って自転車で乗り付け，クラゲを探していると，漁師さんがいろいろな情報をくれます．また少し遠出をして，東京湾まで行くこともあります．時には大学の研究船や練習船の短期航海に参加させていただくこともあり，日本近海のいろいろな場所でクラゲを採集します．
　全国的に話題になっている大型クラゲ，エチゼンクラゲを採集するために，日本海まで出張したこともありました．漁業に深刻な問題をもたらしているエチゼンクラゲですが，傘の蔭に小魚を伴い，触手を伸ばして悠然と泳ぐ姿を目のあたりにすると，畏敬の念を抱かざるをえません．

●様々な展示

　ショッピングモールなど，水族館外の場所で，PRを兼ねた展示解説をすることもあります．クラゲの生態や給餌をしながら餌の食べ方の解説をします．また，水族館で開催している体験学習プログラムでは，子供たちが自分で調べ，考えてクラゲの展示解説を行いました．この子供たちの中から，将来，クラゲ博士が誕生することを期待しています．クラ

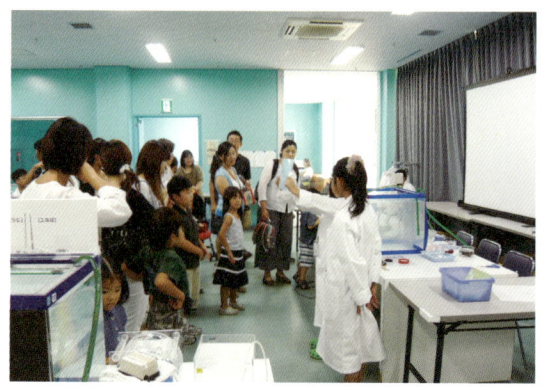

体験学習プログラム

ゲではありませんが，巨大水槽ではダイビングショーが行われます．これも展示の手法の一つです．

　水族館を訪れた人が，水族館の水槽を海へと開いた窓と思って，来る前に比べて，少しでも心豊かに，得した気分になってくれたらいいなあと，そんな気持ちで働いています．

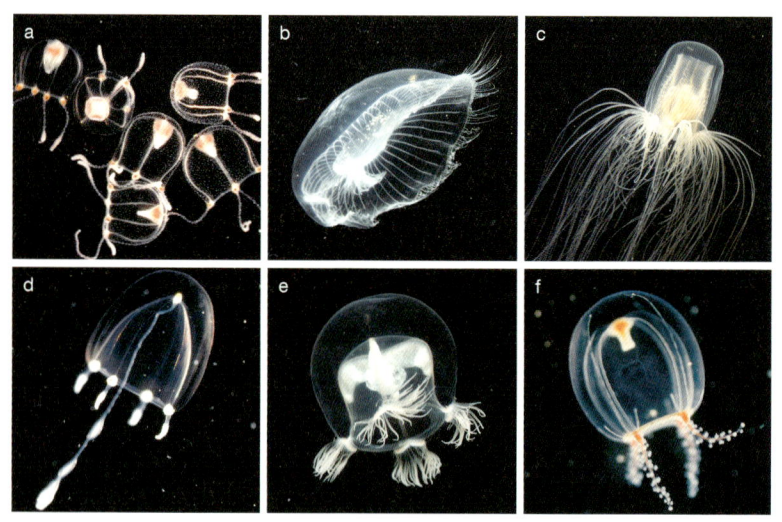

江の島で採れるクラゲ．a：オオタマウミヒドラ，b：オワンクラゲ，c：カミクラゲ，d：ジュズクラゲ，e：ドフラインクラゲ，f：ウラシマクラゲ

プロフィール・仕事の概要

地球深部探査船「ちきゅう」での仕事：地球の歴史を解明する

木戸ゆかり
独立行政法人　海洋研究開発機構　地球深部探査センター

　地球深部探査センターのIODP（国際統合深海掘削計画）推進・科学支援室の計画支援グループに属し，地球深部探査では最先端の掘削船「ちきゅう」という船の上で支援する，研究・観測支援者の役割を担っています．また，「陸上で支援する：高度な分析をする研究者」でもあり，さらには「科学計画を普及する」案内係もしています．

　私たちが住むこの地球は，どのような過去を経て，今ある姿になったのでしょう？　様々な観測機器を駆使し，海底の成り立ちや地球の歴史を解明しようという試みがIODP計画です．日本の誇る巨大科学掘削船「ちきゅう」で，海底付近〜海底下数百メートル（さらに数年後には，〜数キロメートルを目指す）まで掘りながら，柱状試料や掘削した孔内に測定機器を降ろし，物理探査データを取り，船上あるいは研究所に持ち帰ってデータ解析をしています．

● 地球科学との出会い

　私の地球科学との出会いは，身近で豊富な教材を提供してくれた高校地学の授業と杉村新氏の「大地の動きをさぐる」（岩波新書）の大地に対する挑戦状が原点です．しかしながら，大学では，具体的なテーマを見つけることができず，一通りの講座に顔を出した末に，大きな研究課題のもと，グループでフィールド調査をする，といったプロジェクト指向の研究に魅力を感じるようになりました．研究乗船という普通ではできない体験もでき，目では見通せない海の底を，船上から間接的に観測することに魅力を感じ，地球物理学の講座へ進みました．大学院後のポストドクトラルフェローの期間中に，運よく今の海洋研究開発機構の前身の海洋科学技術センターへ就職し，海底から地震の巣を探るプロジェクトの一員になりました．主に海洋調査船を用いて海底地形調査，海底下の地殻構造，地震活動，重力，地磁気データ解析，地質，岩石試料採

取を行い，地形変動，火山活動，海域のテクトニクスなどを調べてきました．

●ある1日のスケジュール〈陸上の1日〉

　学生時代から朝型だったので，家族よりも早めに起きて，メールやその日に行うべきことの事前整理などを行っています．通勤はもっぱら自転車で，子供が保育園に入園してからずっと自転車愛用者です．子供がまだ4ヵ月の時に，育児との両立は無理そうに思えました．しかし，女性の先輩や先生から「ここで一度やめてしまうとなかなか研究職というのは復活が難しい」「子育ては，一時期的なこと，家族で協力しながら，少しずつでもとにかく続けなさいよ」とのアドバイスを支えに，パートナーとの役割分担や親戚に助けられながら，仕事を続けてきました．

●ある1日のスケジュール〈船上の1日〉

　「ちきゅう」船上では，掘削作業が順調に進み，柱状試料や掘削孔内のデータが定期的に取れるようになると12時間交代で勤務します．一般

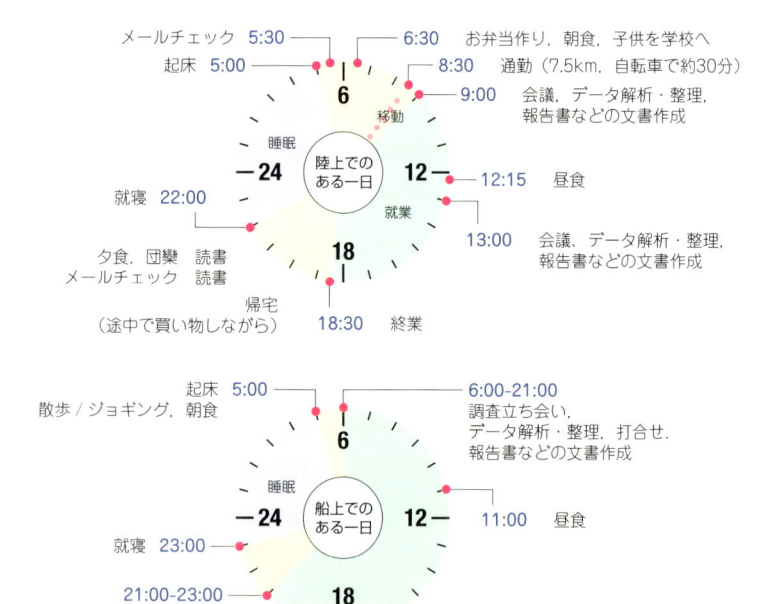

陸上でのある一日

- 起床 5:00
- メールチェック 5:30
- 6:30 お弁当作り，朝食，子供を学校へ
- 8:30 通勤（7.5km，自転車で約30分）
- 9:00 会議，データ解析・整理，報告書などの文書作成
- 12:15 昼食
- 13:00 会議，データ解析・整理，報告書などの文書作成
- 18:30 終業
- 帰宅（途中で買い物しながら）
- 夕食，団欒，読書
- メールチェック，読書
- 就寝 22:00
- 睡眠

船上でのある一日

- 起床 5:00
- 散歩／ジョギング，朝食
- 6:00-21:00 調査立ち会い，データ解析・整理，打合せ，報告書などの文書作成
- 11:00 昼食
- 17:00 夕食
- 21:00-23:00 団欒タイム　ジムで縄跳び，自転車こぎ
- 就寝 23:00
- 睡眠

最先端の掘削船「ちきゅう」（魚眼レンズで全貌を収める）

には船舶は8時間勤務3交代です．単調な船上生活では，いつまでもだらだらと仕事をするのではなく，毎日正確なスケジュールでメリハリのきいた生活リズムが大切です．

●ある1年のスケジュール

「ちきゅう」の航海では，ヘリコプターを用いて遠くにいる船と直接行き来ができ，短期間の乗下船が可能です．インターネットの発達によって，船上‐陸上間のデータ通信が簡単になり，TV会議システムの導入でリアルタイムで情報共有ができます．仕事の効率化，最新のIT情報を取り込む努力，1年の間隔で研究計画を考え，さらに1月計画，1週間計画と

春	新年度がスタート．IODP国際掘削計画など，プロジェクト計画案に従って実施開始．「ちきゅう」乗船者向け事前教育．3ヵ月レポート提出（以降，3ヵ月おきに提出する）．学会に参加して成果発表．2～3週間の航海に数回勤務し，船上で支援．下船時は陸上で支援．
夏	航海．インターンシップ生の受入，データ解析・整理．
秋	航海．学会に参加して成果発表．データ解析・整理．
秋～冬	1年間のまとめの報告書作成．論文執筆．
冬	航海．学会に参加して成果発表．掘削科学スクール．アウトリーチ活動．

チョッパー（ヘリコプター）で
「ちきゅう」船上へ

デリック（海上120m）から
見下ろしたヘリポート

立てていき，どこまで実現できたかの確認作業を怠らないこと，を社会人になってから学びました．

● 研究と航海

　今かかわっているプロジェクトの根底には，地震の巣とは一体どのような状態なのか，いかにして地殻内に亀裂が入り，物質が破壊していくのか，という変動の過程を探る目的があります．そのために過去に起きた大地震の痕跡いわば化石を探し，過去からの手紙を解読したり，自然相手に大実験を行ったり，地道にデータを蓄積することによって，地球の今の状況を探り，より詳細な地震現象の理解につなげていきたい，と考えています．

　海洋調査は1人ではできません．調査船を動かすには，船長をはじめ航海士，機関部，甲板部，厨房員など船舶関係者だけでも数十人，さらに観測技術員，研究者，それも様々な国籍の人達が乗船して初めて研究航海のチームができあがります．研究の準備だけではなく，海上保安庁や防衛省などの他省庁に海域調査の実施を周知し，漁業組合や海底ケーブル会社にも観測の説明を行い，協力を求めるなど，実に多くの準備過程が必要であり，幅広い活動の積み重ねで初めて実現にこぎ着けることができます．

　観測船への長期乗船（長期にわたり家庭から離れる），少ない研究機関数（夫婦の職場が離れる）など，これまで限定された研究環境であった

掘削コントロールルームのドリラーズハウスにて，ジョイスティックを握る

がために，女性研究者が自らの職場として選ぶ機会は多くありませんでした．最近は，海洋地球科学分野の裾野を広げ，研究環境の活性化を図るために，海洋科学の研究機関では，女性が進出し易い環境と意識啓発への努力がなされています．

● IODP プロジェクト

　国際統合深海掘削計画（IODP）は，日本，アメリカ，ヨーロッパ，アジア諸国との国際共同研究計画です．全世界から掘削の提案を受け，実施する提案，スケジュールを決めます．日本が果たす役割は限りなく多く，今後数十年の科学技術の最先端を常に走ることが予想されます．深海科学掘削の40年の歴史から，ゴミを食べる細菌の発見や新薬になりそうな微生物の存在，がんの治療薬になる可能性を秘めた物質，未来の資源の発見などなど，地球科学にとどまらず，様々な分野に新たな知見をもたらしました．

　世界各国から「ちきゅう」に集い，大きな研究対象に向かって一緒に調査をする，寝食を共にし長期間合宿生活をする，といった国際プロジェクトにとても魅力を感じています．英語に自信のある方，ちょっとした外国旅行気分に浸れます．1つのプロジェクトには国際色豊かな沢山の職業がぶら下がり，お互いに連携し，協力することで，初めてプロジェクトの成功が見えてきます．視野を広く持ち，自分の将来像と重ね合わせてみると，「洋上の職場」に無限の可能性が広がりませんか．

プロフィール・仕事

美味しさを追求する仕事

広瀬あかり
㈱マルハニチロホールディングス中央研究所

　㈱マルハニチロホールディングス中央研究所に勤めて4年目になります．大学では食品工学を専攻し，就職活動の際は「世界中で昔から食べられているものにかかわりたい」と思い，水産会社と製粉会社を中心に受験しました．その中で，唯一，内定を出してくれたのがマルハニチロです．

　現在の仕事は，主担当として受け持っている研究課題は1つ（2009年春の水産学会で，研究内容について発表しました），副担当は3つで，計4課題に携わっています．大学の時と異なり，同時にいくつもの課題に取り組むのはたいへんな面もありますが，ある課題で悩んでいても，他の課題で気分転換になることも多く，私は気に入っています．

●ある1日のスケジュール

　私の勤務している中央研究所は，「フレックスタイム勤務」という，午前10時から午後3時のコアタイムに出勤し，かつ1ヵ月の所定労働時間を満たせれば，出勤時刻と退社時刻は自分で決定してよい，という勤務体制を採用しています．私は午前8時頃に出勤し，午後7時前に帰宅することが多いのですが，職場には，もっと朝早くから働く人や，夜遅くまで仕事をする人もいます．

　私の仕事は，主に，①実験，②デスクワーク，③出張の3つがありま

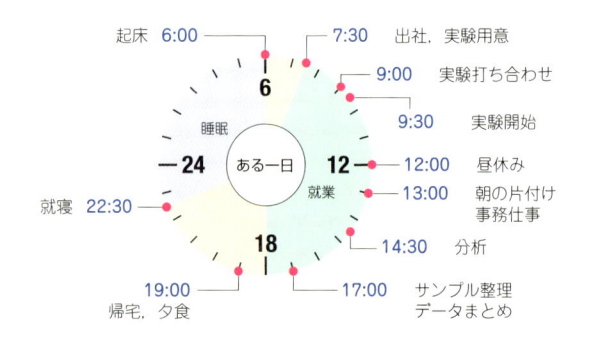

起床 6:00
7:30 出社，実験用意
9:00 実験打ち合わせ
9:30 実験開始
12:00 昼休み
13:00 朝の片付け 事務仕事
14:30 分析
17:00 サンプル整理 データまとめ
19:00 帰宅，夕食
就寝 22:30
睡眠
就業
ある一日

す．①実験の計画は上司に相談しながら立てますが，実際の作業は 1 人で行うことが多いです．ただし，1 人でできない作業は色々な人に手伝ってもらいます．また逆に，私が他の人の作業を手伝うこともあります．②デスクワークは報告書の作成やデータ整理，文献を読んだり，調べ物が当てはまります．③出張は，現場でのデータ採取や本社での会議などです．現場とは，私の場合，日帰り出張，あるいは泊りがけで，水産加工場や養殖場などに行くことが多いです．

出張のないある 1 日を振り返ってみましたが，私の場合，朝から実験を始めて，事務仕事は午後や夕方にやることが多いです．

下の写真はマグロの色を測定しているところです．味や匂い，食感だけでなく，色や形などの見た目も，食品の「おいしさ」に大きな影響を与えます．マグロなどの水産物は時間が経つと色，味，匂いなどの品質が変化してしまいますが，どうしたら水産物の「鮮度」，「おいしさ」を保てるか，ということを検討する中では，食品としての品質の変化を調べるだけでなく，生物としての性質や機能についても考える必要があると思っています．このように，研究の対象となる水産物は，食品として，また，生物としての両面から考えることが多くありますが，働いていて，面白いなあと思うことのひとつです．

現在（2010年 8 月），中央研究所員39名中，女性は 6 名と多くはありませんが，同僚の女性の中には，既婚者もお母さんもいます．

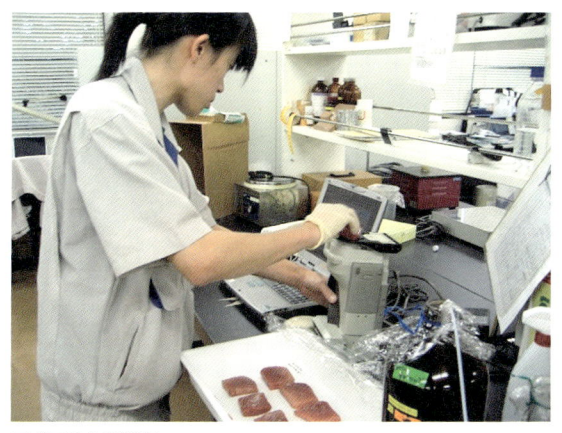

マグロの色の測定

4月	昨年度の進捗を事業部などの関連部署に報告，目標設定
5月	ひたすら実験の毎日
6月	養殖場に出張
7月	ひたすら実験の毎日
8月	成果発表会で発表
9月	有給休暇をとって友達と旅行
10月	養殖魚の出荷が始まってデータ採取開始
11月	研究分野に関するシンポジウムに参加
12月	水産加工場に出張
1月	小学生向けの理科授業に参加
2月	ひたすら実験の毎日，学会発表の準備
3月	水産学会で発表

●ある1年のスケジュール

　ある1年を振り返ってみました．年度始めの4月は，研究課題の進捗を事業部などの関連部署に報告したり，今年度の目標を立てて上司と面接したり，実験以外の仕事が多くなるので，あっという間にすぎてしまいます．その後は，その年によって様々ですが，この年は，現場への出張や，社内外での発表が多い1年でした．

　毎年8月には，本社にて，成果発表会が開かれます．1つの研究課題のタイムスパンは，数年となることも多いのですが，結果がまとまってきた課題について，この場で社内全体に報告します．私も一度，発表する機会をいただきましたが，会場には社長，副社長，専務といった重役の方々も多く，とても緊張しました．

　11月には，『近赤外シンポジウム』という，現在の研究課題に関連したシンポジウムに参加しました．自分のテーマに関係のある学会や展示会，講習会に参加して新しい知識や情報を仕入れることも大切な仕事ですが，なかなかできていないので反省です．

●現場での仕事

　現場の状況を調査したいときや実際の加工工程で製造されたサンプルが必要なときなどは，現場に出張して試験を行います．私の場合，マグロ養殖場や水産加工工場に行くことが多いのですが，人によっては共同研究を行っている大学で実験をしたり，海外の工場で試作をしたり，行

マグロ養殖場　　　　　　　水産加工工場にて試験を行っている様子

き先は様々です．

　現場への出張は，普段できない体験をさせてもらったり，その土地の美味しいものが食べられたり，楽しいこともありますが，体力勝負です．そして，失敗すると取り返しのつかないことが多いため，試験計画を立てたり，準備をするときに，とても気を使います．

●小学校理科授業

　「僕らの食べるおいしいサケの謎にせまる　〜サケの誕生物語と生命の設計図の秘密〜」というタイトルで，小学校5，6年生向けに理科実験授業を行う企画があり，参加しました．これは，マルハニチロが行っているCSR（企業の社会的責任）活動の一環で，サケの稚魚を観察したり，実際に白子からDNAを抽出する実験を行って，生命の大切さについて学ぶとともに，理科実験の楽しさも知ってもらう，という目的でした．

　子どもたちの驚く様子や，一生懸命実験をする様子が印象的で，新鮮でした．また，授業前の数ヵ月，研究所でサケを孵化させて飼育したのですが，サケの生態について，私も知らなかったことが多く，勉強になりました．このように，単なる企業としての研究だけでなく，CSR・広報にかかわるような仕事に携わることもあります．

●官能評価

　官能評価とは，人間の感覚によって，ものを測定・評価する手法のこ

官能評価室の様子

とをいいます．食品に含まれるそれぞれの成分の量は化学分析によって測定することができますが，食品にはたくさんの成分が含まれているため，食品全体の味や品質を正しく評価するためには，人による官能評価を欠かすことができません．

　当社でも，商品の品質比較や商品開発における目安として，官能評価を用いており，これをもととして様々な商品が世の中に出されています．研究所には，官能評価用の検査室があり，そこで評価をします（上の写真）．私もパネラー（食品を見て・食べて評価する人）として，官能評価に携わっています．

●その他

　会社に入って，新しく始めたことがいくつかあります．仕事を通して，また仕事以外でも，会社の上司や先輩，色々な人に影響を受けつつ，楽しく毎日をすごしています．

　まずは，野球．まさか社会人になって野球をするとは思いませんでしたが，ユニフォームまで購入して，会社の野球部でしっかり活動中．ポジションはファーストです！

　それから，エビ飼育．水産会社だからでしょうか，研究所内には熱帯魚やエビを飼っている人が多く，影響されて私も，ヒメヌマエビという淡水エビを飼い始めました．手をちょこちょこ動かして餌を食べている様子がとてもかわいいです．

プロフィール・仕事

海の自然を伝える活動

鹿谷麻夕
しかたに自然案内

　海洋生物学を学んだ経験をもとに，沖縄で海辺の環境教育活動を行っています．おもに地元の小中学校などに出向き，総合学習の時間に海の自然環境やごみ問題に関する授業を行ったり，自然観察会のガイドをします．できるだけフィールドに出て，本物の自然に触れてもらうこと，そして海と人とのつながりを考えてもらうことをテーマにし，これらのためのプログラム作りや教員向けの研修も行います．

　また，研究者と市民の橋渡し役になれるよう，市民による環境保全活動をサポートしたり，海に関する本の翻訳や編集など，色々な形で「海の自然を伝える」活動を行っています．

● ある1日のスケジュール

　フリーランスのため，観察会や授業のある日は外に出て，そうでなければ自宅でパソコン仕事，というのがいつものパターンです．自宅の部屋のパソコンまわりが事務所がわり．部屋の本棚は図鑑と海の本ばかり．訪れた人に驚かれたり呆れられたり．

　時間が自由になる分，家事と仕事の時間を自分でやりくりできるのは楽ですが，忙しくなるとえんえんパソコンに向かっていることも…　気分は学生時代とあまり変わらないようです．デスクワークは授業のスライドや資料作成，調査のデータ整理や報告書作り，観察会を主催するときは広報のお知らせづくりから保険の手配，電話受付など，必要なことは何でもやります．

　私の場合，仕事のパートナーは実生活のパートナー．お茶で一息つく時間も，話題は海と仕事のことばかり．得意なことを分担しつつ，互いのフォローも怠らず，お疲れ様！　と声を掛け合う．気持ちよく丁寧にやっていくことで，仕事もうまく回るようです．

観察会のある一日

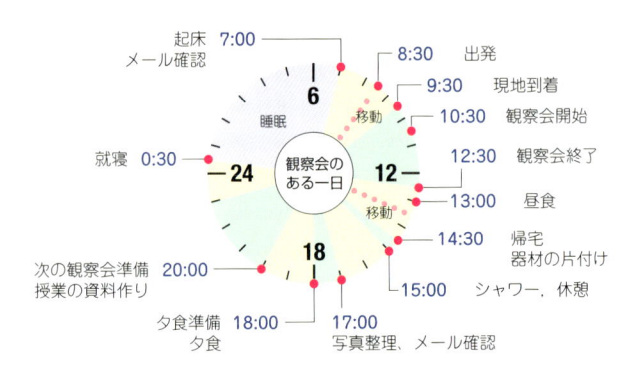

- 7:00 起床 メール確認
- 8:30 出発
- 9:30 現地到着
- 10:30 観察会開始
- 12:30 観察会終了
- 13:00 昼食
- 14:30 帰宅 器材の片付け
- 15:00 シャワー、休憩
- 17:00 写真整理、メール確認
- 18:00 夕食準備 夕食
- 20:00 次の観察会準備 授業の資料作り
- 0:30 就寝
- 睡眠
- 移動

● 観察会のある1日のスケジュール

　朝起きたらPCを開き，メールと気象情報をチェック．観察道具を車に積み込んで出発です．

　現地では海の状況や，危険箇所がないかをチェックし，スタッフ同士で当日のルートを打合せ．やがて学校のバスが到着，子どもたちと先生方，サポートの保護者がやってきます．2時間ほどの観察会が始まります．

　観察会では，子どもたちがどんどん生き物を見つけてきます．私はみんなの間を飛び回って，それを説明．ナマコを気味悪がっていた子も，かわいいよ〜これはね〜と話をすると，少しずつなでてみたり．子どもたちの好奇心が開いていくと，こちらも楽しいです．

　観察会が終わったら，家に戻って道具類を洗い，しばし休憩．家ではカメラの記録を整理したり，メール連絡，次の観察会の準備，授業の資料やスライドづくりと，パソコンに向かって仕事を順番に片付けながら夜が更けていきます．

● ある1年のスケジュール

　春から夏はフィールドワーク．大潮の昼間の干潮時に，浅瀬で自然観察ができるのはこの時期です．春休みは一般向け観察会，4〜7月は小中学校の環境学習，夏休みは再び一般向け観察会と，教員向けの研修などがあります．「仕事の波」も潮に合わせて，野外へ下見や本番に出る週と，そのための打合せや資料作成に使う週が交互にやってきます．また学校は平日に，それ以外の企画は週末が多いので，連日海に出かける週もあれば，ちょっと一息の週があり，忙しさにもリズムができています．

　秋から冬は観察会は減りますが，調査や研修のフィールドワークが時

4月	非常勤講師の前期授業開始
5月	小学校の環境学習・観察会
6月	小学校の環境学習・観察会
7月	夏休みの観察会
8月	夏休みの観察会，教員向け研修
9月	環境調査の市民活動
10月	非常勤講師の後期授業開始
11月	小学校の環境学習
12月	小学校の環境学習
1月	ちょっと休憩
2月	環境系のフォーラム参加，確定申告！
3月	春休みの観察会

折あります．また年間を通してフリースクールや大学の非常勤講師もします．用事のない日は自宅で授業の準備や写真整理，原稿執筆など，パソコンに向かう仕事が絶えません．オフシーズンは各地で自然体験や環境教育のフォーラムも開かれるので，それらに参加して情報交換や自身のスキルアップに役立てています．

●小学校の環境学習

　環境学習というと，最近は何でも地球温暖化．温暖化って？　と聞くと，多くの小学生がシーオーツー！　と答えます．でも，何をどうすればいいのかわからない．だいたい暗い未来の話は誰だって嫌ですよね．おそ

みんなで海浜植物を調べています．根っこがどれくらい長いかな？

らく子どもたちに必要なのは，自然がおもしろい豊かな場所であることを体験すること，そしてそれが自分たちの暮らしと繋がり影響しあっていることを理解すること．

そう思い，地域ごとの環境を題材に，その都度オリジナルなスライドをつくって，環境のこと，そこに住む生き物のこと，それらと繋がる私たちの暮らし，というテーマで話をします．沖縄とはいえ，海であまり遊ばない子も多いこの頃，近くにありながら身近でなくなった海の様子を紹介します．ある学校ではウミヘビに興味津々，質問が集中しました．質問が多いのは，話が面白かった証拠．逆に，何の話が伝わらなかったのかも見えてきて，子どもたちの反応そのものが，私自身のとても良い「先生」になっています．

●市民活動をサポートする

環境保全を行なう市民グループから，しばしば相談を受けます．本来，専門家としてはプロの研究者や大学の先生がいます．でも一般市民からはちょっと敷居が高く，そもそもどこにどんな専門家がいるのかわからない．そこで，この中間に位置するような私の所に話が来るのです．

こうした，専門家と市民の橋渡し役が，今とても求められています．環境問題や自然保護の現場では，理系の知識や経験が必要．その専門的な話をいかに噛み砕いて，必要な情報を提供できるか．知識だけでなく，プレゼンテーションやインタープリテーションの力量が試されます．

スノーケルで観察調査

市民グループで，海のハンドブックを作りました

よーし，もう少し出ておいで！（ルリマダラシオマネキ）

　市民活動は，行政や企業では手の回らない，でも社会の中で必要とされる仕事を担うもの．資金や人材は乏しくても，すでにあるもので何ができるかを考えて，楽しみながら続けていければOK．そこで得られた人との繋がりが，実は大きな財産になっていくのです．

● **趣味が仕事で，仕事が趣味で**

　普段の息抜きは，好きな音楽を聞いたり本を読んだり……もありますが，最近はぼーっと空を眺めるのが好きです．雲，夕焼け，星や満月……．また，気分転換に近所の浜まで散歩に行けば，ついつい砂を掘って貝を探したり，漂着物を拾い始めてしまったり．

　そんなわけで，私のかばんにはいつも小さなビニール袋が入っています．だって，どこで素敵な貝殻やサンゴのかけらやウミガメの骨を拾うかもわからないから．これってオタク？

　写真を撮るのも好きです．特に生き物写真は接写に限ります．海でいい写真が撮れるのは，たいてい1人でいる時．鮮やかな色のシオマネキを見つけたら，私は悪い人ではないよ〜というオーラを発しながらそろりそろりと近づき，それでもさっと隠れた巣穴の前にカメラを構えたら，微動だにせず待つこと3分．ベストショットはひたすら根気．そうやって撮りためた写真が，あとで仕事に役立ちます．あ，これは趣味じゃないのか……．

プロフィール・仕事

国連開発計画の国際職員として

脇田和美
PEMSEA 事務局　国際職員

　私は国連開発計画の国際職員としてPEMSEA (Partnerships in Environmental Management for the Seas of East Asia) に従事しています．オフィスはフィリピン，マニラにあります．PEMSEAとは，東・東南アジアの11ヵ国において，総合的な沿岸域管理を通じ，環境と開発のバランスの取れた持続可能な開発を推進する地域プロジェクトであり，私の役割は，パートナー団体（国際NGO，研究機関，ドナー等）と沿岸域管理を実施している各国・地方政府との連携・協働の推進です．

　私は水に関する環境問題に興味を持ち，日本の大学，大学院で土木工学，特に河川工学を学びました．日本のシンクタンクで沿岸域管理や海岸・港湾に関する調査研究を行うとともに，研究成果の国際学会における発表，自主的な海外の沿岸域管理研究等を通し，国際的な沿岸域管理問題に興味を深めてきました．その後，現職に就いています．

● **ある1日のスケジュール**

　オフィスでの主な仕事は，①関係機関との連絡・調整，②書類作成，③資料調査の3つです．1日の3分の1程度は，メールのチェックと返信に費やされます．関係各国やパートナー団体からのメールはもちろん，所内業務もメールによる書類のやりとりが基本で，特に，迅速な対応を要するメールが舞い込んできた場合，すぐに関係する同僚および上司に

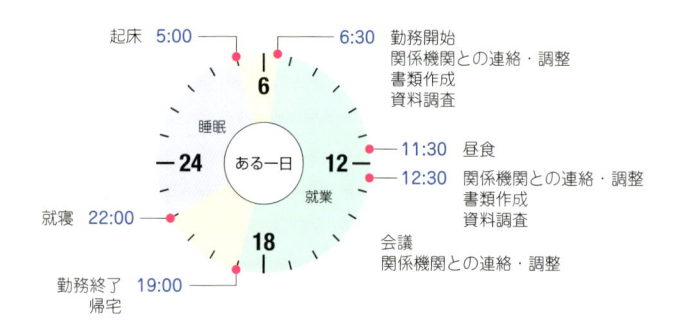

起床 5:00　　　6:30 勤務開始
　　　　　　　　　　　関係機関との連絡・調整
　　　　　　　　　　　書類作成
　　　　　　　　　　　資料調査
睡眠　　　　　11:30 昼食
　　ある一日　12:30 関係機関との連絡・調整
　　　　就業　　　　書類作成
　　　　　　　　　　　資料調査
就寝 22:00　　　　　会議
　　　　　　　　　　　関係機関との連絡・調整
勤務終了 19:00
帰宅

連絡，協議して対応策を決定し，回答することが重要となります．業務で作成する書類は，各国・団体へ送付するレター，会議やワークショップで使用する書類，パートナー団体やその他組織との協力関係締結の覚書や共同プロジェクト実施の合意文書などです．資料調査は，業務に関連し必要がある事項について，主にインターネットを介して情報収集・分析を行います．たとえば，将来，連携が期待される団体の活動実績や今後の活動予定の調査，主催するワークショップのテーマに関する技術資料の調査などがそれにあたります．

●ある１年のスケジュール

　PESMEAが主催する会議の運営や関係団体の会議への参加などで出張する以外は，基本的にマニラでのオフィスワークです．下表は，出張が多かった年の例です．PEMSEA主催の会議では，会議終了後にProceedings（会議要旨をまとめた冊子）を作成します．また，出張が終わると，必ずMission Reportなる報告書を提出し，出張の主な成果，今後必要なアクション等を報告しなければなりません．つまり，英語による文書作成の連続で１年がすぎていきます．ほっと一息つけるのは，主催する会議が無事に終わった瞬間．予定していた議題がすべて滞りなく完了するだけでなく，会議参加者からのねぎらいの言葉や参加者の満足した様子が，それまでの準備や苦労に対する報酬です．

　日本の官公庁は４月が会計年度の開始ですが，国連システムの会計年度はカレンダー通りとなっています．12月には実績を見直し，来年度予算を立て直します．また，日本の長期休暇は夏休みが多いですが，キリスト教徒が国民の大半を占めるフィリピンでは，クリスマス休暇が１年で最大の休暇でありお祭りです．年始は１月２日から勤務開始となっています．

1月	PEMSEAに関する招待講演（Tokyo, Japan）
3月	Executive Committee Meeting 運営（Manila, Philippines）
5月	Intergovernmental Ocean Commission WESTPAC Meeting 出席（Sabah, Malaysia）
7月	East Asian Seas Partnership Council Meeting 運営（Tokyo, Japan）
10月	PEMSEA Network of Local Governments Forum 運営（Sihanoukville, Cambodia）
12月	クリスマス休暇

日本での招待講演．PEMSEA の活動を説明．

● 他団体との連携・協働促進

　PEMSEA と協力関係のある他団体主催の会議に出席し，PEMSEA の最近の活動実績を紹介し，今後の連携の方向性に関する提言を行うことが重要な仕事のひとつです．また同時に，会議出席を通じ，他団体の活動予定や興味・ニーズを把握し，新たな連携事業の可能性を分析することも大切な仕事です．具体的な連携事業のアイデア出しは，会議の議事の中ではなく，Coffee Break や Dinner など，Informal な時間に生まれることもあり，会議出席期間中は，Breakfast から Dinner まで，関係者と接触できる時間を有効活用することが大切です．普段メールや電話でしか連絡できない相手との直接の議論を可能にすることが関連会議参加の大きなメリットのひとつとなっています．

　また，特定の団体と新たに協力関係を構築する際，覚書や協力関係締結の文書を作成し，Signing Ceremony（署名式）を開催することが多いのですが，文書の内容を事前に当該団体と協議し，法律家のレビューを受け，Signing Ceremony の段取りを行うのも，私の役割の1つです．

● PEMSEA 自体の会議準備・運営

　PEMSEA の運営方針の決定や予算の承認などは，1 年に 1 回程度開催される East Asian Seas Partnership Council Meeting で行われます．PEMSEA の事務局として，同会議を運営することも私の業務の1つです．同会議は，PEMSEA に参加する国および団体から構成され，通常4日間

2nd East Asian Seas Partnership Council Meeting の集合写真

におよびますが，担当の議題に関する資料の作成，プレゼンのみならず，最終日には議事要旨を提出し，会議の承認を得ることが事務局の任務であり，最終日前日は事務局全員，徹夜で Proceedings を作成します．3日間の議事要旨を8時間程度で仕上げるのですから，集中力と体力が不可欠です．4人程度のスタッフで議題を分担し，各自のドラフトを相互にチェックし，要旨に漏れがないよう対応しなければなりません．最後は，責任者である上司のチェック，修正等を受け，会議参加者全員に配布します．そのため，いつも会議最終日は，事務局全員，睡眠不足で疲れた顔をしています．

● 持続可能な沿岸域管理に関するフォーラム，ワークショップ開催

　PEMSEA が取り組む分野は，沿岸域管理を通じた持続可能な開発全般です．津波や油流出事故等の自然災害・人災管理，沿岸生態系の保全・再生，水の供給・管理，漁業・沿岸観光等の生計管理，廃棄物管理・下水処理等，多岐におよびます．また，すべての分野に通じるのがガバナンスの要素であり，各国，地方政府の現状にあわせたプログラムの計画・執行をサポートすることが不可欠です．私の担当する業務の1つに，下水処理とそれによる海域の水質改善の促進があります．この業務では，すでに深刻な海域の水質悪化を経験し，その克服に取り組んでいる地域から知識や対応策を学ぶというプログラムを組んでいます．私の役割は，各種資料調査を通じて，参考となる取り組み・組織を見出し，PEMSEA への協力依頼，協力条件の提示と交渉，必要に応じて協力関係文書の締結といった事前準備を完了し，実際の協力事業を実現させることです．

ワークショップ．グループにわかれての具体的な Planning 研修

ワークショップ参加者への修了証明書の授与

上の写真は，Chesapeake Bay における水質改善に関する州政府の取り組みの紹介，および Total Maximum Daily Load（日総量規制）の技術研修を PEMSEA の当該各国政府や地方政府職員に対して実施した際の様子です．研修のとりまとめとして，各国の対象沿岸域における総量負荷削減計画が立案されましたが，その実行には，技術・人材・予算等，様々な困難を克服する必要があります．そのため，研修の成果が短期で実際に確認できることは少なく，長期的な視野で辛抱強く取り組む姿勢が必要です．

●Field Trip と素敵な人々との出会い

　PEMSEA，および関連他団体主催の国際会議には，Field Trip が組み込まれている場合が多くあります．会議開催地の沿岸域管理や持続可能な開発に関する取り組みが学べるような Field Trip を，ホスト国や地方政府が企画・運営します．会議に参加するだけでなく，現場を見て関係者の話を直接聞けるのは，私にとって実際の取り組みを理解する上での大きなメリットであり，また楽しみでもあります．私の現在の業務は，現場に出る機会が多いとは言えません．現場を見なくとも書類や資料から情報を入手し，評価・判断することはある程度可能です．しかし，私のモットーは，「現場主義」．これは，大学時代に土木で培われたものかもしれません．現場で人々が直面している課題は，机上の資料からは

バタンガス（フィリピン）の海辺

読み取れません．現場を見ることのできる限られた機会を最大限活用し，沿岸域管理の実際を肌で理解するように努めています．

　私が出席する会議では，東・東南アジア地域だけでなく，世界各地で持続可能な開発に取り組む各国・地方政府職員，国際 NGO，研究者など，多様な人々と活動や課題等について意見を交わす機会があります．情熱を持ち仕事に取り組んでいる人々に出会うと，自分自身も刺激され，さらなる意欲がわいてきます．素敵な人々との出会いは，仕事だけでなく，私の人生を豊かにしてくれます．

●マニラでの生活

　国際機関に勤務し，複数の国を対象として働いているとはいえ，やはり赴任国の政治・社会を知ることはとても重要です．私の場合，フィリピン・マニラが勤務地であるため，フィリピンの歴史や文化，社会システムを理解し，尊重する姿勢を持つことが大切だと考えています．

　マニラでの生活は快適．年中暖かくすごしやすい気候，米が主食である食文化，陽気で話好きな人々，また車で3時間ほど走れば，そこは美しい海．フィリピンの海は，人々が"Center of Center of Marine Biodiversity"と強調するほど，多様な生物が生息します．私も週末を利用し，美しい海でシュノーケルを楽しんでいます．

付録

Q&A
海に関するおすすめ本
海にかかわる機関およびWebサイト
著者紹介

Q&A

先生：海子さん，今日は将来について相談したいということだけど，海子さんは将来何になりたいの？

海子：先生，私は海に関係する仕事につきたいと思っています．そのために大学に行って勉強したいと思っています．

先生：海といっても，いろいろな仕事がありますよ．イルカの調教師？　魚の研究？　それとも船長さん？

海子：まだ詳しくは決めていないけど，先生のような海の研究者もいいなあ．

先生：まあ，それは嬉しいですね．海の研究といっても，いろいろありますよ．

海子：いろいろって，魚を調べるとか，ウナギを育てるとか，サケの回遊とかですか．あれれ，魚の話ばかりですね．

先生：海の生き物には魚ばかりでなく，サンゴやウミウシなど多くの無脊椎動物がいます．海底地形を調べたり，海水の成分を分析したり，海流を調べたり，水中ロボットを作ったり，魚の養殖を研究したり，魚の捕り方を工夫したり，船を作ったり，海の環境を守ったり．まだまだあります．大学を選ぶ時に大まかにでも考えたほうがいいですね．海子さんは高校生1年生だけど，志望大学をもう決めていますか．

海子：今のところT大学とO大学が志望です．でも遠いので親は家から通える大学に入って欲しいと思っているみたいです．

先生：T大学には水産学部があるし，O大学には海洋資源学部があります．両方とも海に関係する授業があるし，卒業研究も海の研究をしている研究室で行うことができます．この2つの大学に限らず，授業内容と研究室で何を研究しているのかをインターネットやオープキャンパスに出かけてよく調べておくとよいですね（付録参照）．

海子：志望大学に入れなかったら，どうしよう．

先生：もし入学した大学が海の研究をしていなくても，

基礎学力をしっかりとつけて，大学院に入学してから学ぶことも可能です．大学院で本格的に研究が始まりますから，それからでも思う存分研究をすることができます．大学院には修士課程と博士課程があり，それぞれの課程の進学時にほかの大学を受験することもできます．それから，英語の学力をつけて，海外の大学や大学院に行くのもいいですね．海洋科学の学部や大学院は海外にも多数あります．

海子：そうか．大学院から海の研究を始めることもできるんですね．

先生：留学に限らず，とくに英語は勉強しておきましょう．

海子：英語はあまり得意ではないので，勉強しなくちゃと思っています．

先生：海子さんは映画は好き？　たとえば外国の映画をみて英語に触れることから始めても良いかもしれません．多くの仕事で英語ができた方がよいのですが，海に関係する仕事には海外との交渉や協力が必要となる場合も多いです．多くの国々が海に接しているし，水産業で遠洋まで行ったり，海流に乗って生物が移動したり，海運業も重要な産業，と海をめぐって国と国との交流や交渉の場がいろいろあります．

海子：難しい仕事ですね．

先生：最初から敬遠していては駄目．国際機関で海に関わる仕事は大切です．もちろん女性も活躍しています．

海子：はい．がんばります．憧れるなー．ところで先生，女子でも船員さんになれるのですか．

先生：海に関わる仕事には，男性が多い印象はありますね．でも，水産庁には7名の女性船員がいて，4隻の調査船に，航海士，機関士，甲板員，厨房と色々な場で働いています．人数は少ないですが，女性がいることは大切なことで，次に女性が続き易くなります．

海子：船員さん．かっこいい．

先生：船員になるには資格が必要だけど，資格が取れる大学で女子学生も増えています（付録参照）．船員でなく，研究船や調査船で研究が着実に進むように，観測機器の取り扱いやデータ整理などで研究を支援する職に就いている女性も増えていますよ．船上と陸上の両方の支援があります．

海子：男子ばかりの船に乗る仕事にも，女子が増えているんですね．でも，普通に水産会社に勤めるのもいいかな．

先生：海をキーワードに海子さんはたくさんの夢があっていいですね．水産会社の仕事にも，水産生物の養殖，輸出入，それにおいしく食べる研究など，海子さんが心を惹かれる仕事がいろいろありますよ．環境アセスメントの会社で海の汚染の調査をしている女性もいます．海に関する雑誌の出版，水族館で水産生物を飼育・展示して教育・普及の仕事をしたり，フリーで海の自然観察員になったりと，女性が多くの場所で働いています．海に関わる国際機関に就職して海外で働く女性も海子さんの憧れでしたね．

海子：迷っちゃうなー．私はずっと仕事を続けたいので，子供がいても仕事ができるところがよいです．海に関係する仕事は，海に行ったり，会社で決まった時間に仕事をしているように思えないから，やっぱり大変かなー．

先生：大学生になったら就職先をよく研究して，先輩や周囲の人々から情報をもらって，自分が一生懸命できる職は何か，流行に左右されずに考えてみてください．それから，高校生の海子さんにとっては先の話ですが，結婚して出産・育児をすることになった時に，仕事を続けられるための支援制度があり，実際にその制度を使っているかどうかも気にしてください．

海子：わ，結婚なんて早いです．

先生：ずっと先の将来の話ですよ．参考程度に話しておきますね．制度で決められている育児休暇を取ることはできますが，休暇後も子供が小さい時は，仕事時間を短縮することもできます．子供がいると仕事の時間が制限されがちですが，時間を有効に使う工夫をしたり，子供がいるから仕事に張りが出たり，よいことがたくさんあると言っている女性も多いですよ．

職場も私生活も一人ずつ環境は違うので，それぞれに自分に合った工夫をしていますよ．大学や職場でも女性が辞めずに子供を育てられるよう支援しているところがどんどん増えています．保育園の利用，勤務時間の短縮，在宅での仕事，職場復帰の支援，などなど．学校や職場の協力体制ができていれば，子育てとの両立は可能でしょう．それから，夫

婦でよく話し合い，互いの立場を理解し合い，家事分担をしたり，心の支えになったりすることも大事です．

海子：仕事と家庭の両立！　私も両立を目指します！

先生：その意気込みを忘れないでね．研究者の話になりますが，女性研究者のための研究助成金制度を設けている財団がいくつかあります．また，性別に限らず，若手の研究者が出産・育児によって研究が中断しても，研究活動を再開できるように支援するためのRPD（Restart Postdoctoral fellowship）という制度があります．支給される研究奨励金を有効に使って育児の負担を緩和し，研究に励む女性たちはとても元気です．育児をする男性研究者もRPDに申請できますよ．

海子：昔はそういう制度もないし，先生が若い頃は大変だったんですか．

先生：月日が経つのは早いですね．まあ昔話はやめておきますが，本当に大変でしたよ．海の話に戻るけれど，昔の研究船には女性用のトイレがなくて男女共用でね．でも女子学生が増えて，女性乗船者が増えると，女性用トイレができたり，大きな船なら女性用風呂もできたりしています．先生の身近な小さな例でしたけど，どんどん女性が社会に進出して仕事がし易い環境に変わってきています．

海子：よかったなー．今は恵まれてきているんですね．女性だからダメーと自分で諦めちゃいけないですよね．よし，海の仕事を目指して勉強します．

先生：海子さんの将来に期待していますよ．

海子：先生，ありがとうございました．

海に関するおすすめ本

■航海・海洋調査

「ビーグル号世界周航記－ダーウィンは何をみたか」チャールズ・ダーウィン著　荒川秀俊訳（2010）講談社学術文庫
「深海の女王がゆく－水深1000メートルに見たもうひとつの地球」シルビア・アール著，伯倉友子訳（2010）日経ナショナル ジオグラフィック社
「深海のパイロット」藤崎慎吾、田代省三、藤岡喚太郎（2003）光文社新書
「アフリカにょろり旅」青山潤（2009）講談社文庫
「極限への航海－地球科学と人間－」グザヴィエ・ルピション著　加賀野井秀一訳（1990）岩波書店※
「日本近海に大鉱床が眠る －海底熱水鉱床をめぐる資源争奪戦－」飯笹幸吉著（2010）技術評論社

■海洋の読み物

「海洋ニッポン－未知の領域に挑む人びと」足立倫行（2000）岩波書店※
「深海の科学－地球最後のフロンティア」滝澤美奈子（2008）ベレ出版
「深海の庭園」シンディ・L. ヴァン・ドーヴァー著　西田美緒子訳（1977）草思社
「グランパシフィコ航海記」東京大学海洋研究所編（2004）東海大学出版会※
「深海のとっても変わった生きもの」藤原義弘（2010）幻冬舎

■海洋学全般

「海のなんでも小事典（ブルーバックス）」加藤茂，道田豊，小田巻実，矢島邦夫（2008）講談社
「海の科学－海洋学入門」柳哲雄（2001）恒星社厚生閣
「海洋のしくみ（入門ビジュアルサイエンス）」東京大学海洋研究所編（1997）日本実業出版社※
「大陸と海洋の起源－大陸移動説－（上・下）（岩波文庫）」アルフレッド・ウェゲナー著　都城秋穂・紫藤文子訳（1981）岩波書店
「階層構造の科学－宇宙・地球・生命をつなぐ新しい視点」阪口秀，末次大輔，草野完也（2008）東京大学出版会
「海洋学」ポール・R・ピネ著，東京大学海洋研究所監訳（2010）東海大学出版会

■生物学・水産

「潜水調査船が観た深海生物－深海生物研究の現在」藤倉克則，奥谷喬司，丸山正編

著（2008）東海大学出版会
「日本の渚―失われゆく海辺の自然（岩波新書）」加藤真（1999）岩波書店
「サンゴとサンゴ礁のはなし―南の海のふしぎな生態系（中公新書）」本川達雄（2008）中央公論新社
「サンゴ礁の渚を遊ぶ」西平守孝（1988）ひるぎ社※
「生物海洋学入門　第2版」關文威監訳，長沼毅訳（2005）講談社
　原書は，Biological Oceanography an Introduction　第2版．C. M. Lalli, T. R. Parsons（1997）Butterworth-Heinemann, Oxford.
「地球生物学―地球と生命の進化」池谷仙之，北里洋（2004）東京大学出版会
「海の生物多様性」大森信，ボイス・ソーンミラー（2006）築地書館
「動物という文化（講談社学術文庫）」日高敏隆（1988）講談社※
「サカナと日本人（ちくま新書）」山内景樹（1997）筑摩書房
「ビジュアル版　日本さかなづくし」1-4集　阿部宗明（1985）講談社※
「クジラは昔陸を歩いていた」大隅清治（1994）PHP研究所
「海の哺乳類―その過去・現在・未来」宮崎信之，粕谷俊雄（1990）サイエンティスト社※
「旅するウナギ―1億年の時空をこえて」黒木真理，塚本勝巳（2011）東海大学出版会

■物理学・地学

「地震・プレート・陸と海（岩波ジュニア新書）」深尾良夫（1985）岩波書店
「地球は火山がつくった（岩波ジュニア新書）」鎌田浩毅（2004）岩波書店
「地球が丸いってほんとうですか？　測地学者に50の質問」大久保修平，日本測地学会（2004）朝日新聞社
「地球の内部で何が起こっているのか？（光文社新書）」平朝彦，徐垣，末廣潔，木下肇（2005）光文社
「地質学(3) 地球史の探求」平朝彦（2007）岩波書店
「はじめての地学・天文学史」矢島道子・和田純夫編（2004）ベレ出版
「チェンジング・ブルー―気候変動の謎に迫る」大河内直彦（2008）岩波書店
「太陽地球系科学」地球電磁気・地球惑星圏学会　学校教育ワーキング・グループ編（2010）京都大学学術出版会
「大地の動きをさぐる」杉村新（1973）岩波書房※

■化学

「地球温暖化と海―炭素の循環から探る」野崎義行（1994）東京大学出版会
「海洋地球環境学―生物地球化学循環から読む」川幡穂高（2008）東京大学出版会
「海洋の科学―深海底から探る（NHKブックス）」蒲生俊敬（1996）日本放送出版協会※
「海と湖の化学―微量元素で探る」藤永太一郎監修（2005）京都大学学術出版会

■環境

「潮風の下で」原著：1942年，レイチェル・カールソン著，上遠恵子訳（2000）宝島

社※
「われらをめぐる海（ハヤカワ文庫）」原著：1951年，レイチェル・カールソン著，日下実男訳（1977）早川書房
「海辺―生命のふるさと」原著：1955年，レイチェル・カールソン著，上遠恵子訳（1987）平河出版社
「海と環境　海が変わると地球が変わる」日本海洋学会編（2001）講談社
Ocean Biogeochemical Dynamics, Jorge L. Sarmiento & Nicolas Gruber（2006）Princeton University Press
「海と海洋汚染（地球環境サイエンスシリーズ）」松永勝彦，鈴木祥広，久万健志，多賀光彦（監修）（1996）三共出版※
「海の働きと海洋汚染（ポピュラー・サイエンス）」原島省，功刀正行　裳華房（1997）

■国際的活動

Partnerships in Environmental Management for the Seas of East Asia（PEMSEA）で作成した次の本を http://www.pemsea.org から購入できる．
"Securing the Oceans: Essays on Ocean Governance –Global and Regional Perspectives-"（2008）Chua Thia-Eng, Gunnar Kullenberg, Danilo Bonga 編，PEMSEA
「海洋白書2010―日本の動き　世界の動き―」海洋政策研究財団（2010）成山堂書店
国際機関の職については以下の URL が参考になる．外務省国際機関人事センター
http://www.mofa-irc.go.jp/

■水族館

「クラゲ　ガイドブック」並河洋，楚山勇（2000）阪急コミュニケーションズ
「クラゲのふしぎ」ジェーフィッシュ著，久保田信，上野俊士郎監修（2006）技術評論社
「水族館のはなし（岩波新書）」堀由紀子（1998）岩波書店
「水族館は海への扉（岩波新書）」杉浦宏（1989）岩波書店※

■アウトドア活動

「海と遊ぼう事典」こばやしまさこ（1999）農山漁村文化協会
「BE-PAL 海遊び入門」藤原祥弘，江澤洋（2008）小学館

＊　　　＊

　海に関する多くの本のうち，ここに紹介する本は，本書の著者たちが推薦する本です．海に興味をもつきっかけになったり，海洋学の初学者の時代に読んだりした本も含まれています．
※が付いた本は品切れになっていますので，中古品購入か図書館を利用してください．

海にかかわる機関および Web サイト

■海に関する総合情報およびリンク情報

海洋に関する情報
　海洋総合辞典，世界の海洋関連機関，世界の海洋博物館，世界の水族館へのリンク集，海洋情報辞典など，海洋に関する役に立つ情報．
　http://www.oceandictionary.net/

海洋情報研究センター：海の知識
　海の事典，海流の知識，海底の知識など，勉強に役立つ情報．
　http://www.mirc.jha.jp/knowledge/index.html

日本海洋データセンター（JODC）
　海流データ，プランクトン分類検索，沿岸海上気象，水温統計などの情報．海洋略語辞典も便利．
　http://www.jodc.go.jp/index_j.html

クリアリングハウス
　地理情報システム（GIS）で，電子化された地図等の公開．ある地点で複数の地理情報を参照できる．
　http://zgate.gsi.go.jp/

■省庁

内閣官房総合海洋政策本部
　http://www.kantei.go.jp/jp/singi/kaiyou/index.html

外務省：外交政策（海洋）
　http://www.mofa.go.jp/mofaj/gaiko/kaiyo.html

文部科学省研究開発局〈海洋地球課〉
　http://www.mext.go.jp/b_menu/koueki/kaihatsu/03.htm

農林水産省
　http://www.maff.go.jp/

水産庁
　http://www.jfa.maff.go.jp/

防衛省
　http://www.mod.go.jp/

経済産業省
　http://www.meti.go.jp/

資源エネルギー庁
　http://www.enecho.meti.go.jp/

国土交通省総合政策局海洋政策課
　http://www.mlit.go.jp/sogoseisaku/ocean_policy/index.html

国土交通省海事局
http://www.mlit.go.jp/maritime/index.html
国土交通省港湾局
http://www.mlit.go.jp/kowan/index.html
国土交通省河川局海岸室
http://www.mlit.go.jp/river/kaigan/index.html
気象庁：海洋
http://www.jma.go.jp/jma/menu/seamenu.html
海上保安庁
http://www.kaiho.mlit.go.jp/
海上保安庁海洋情報部
http://www1.kaiho.mlit.go.jp/
国土交通省海難審判所
http://www.mlit.go.jp/jmat/
環境省自然環境局
http://www.env.go.jp/nature/
環境省水・大気環境局閉鎖性海域対策室
http://www.env.go.jp/water/heisa.html
国土地理院
http://www.gsi.go.jp/

■日本の法律

海洋基本法について
平成19年に施行された海洋に関する法律．海洋の基本理念，基本的な計画の策定，総合海洋政策本部の設置を定める．
http://www.kantei.go.jp/jp/singi/kaiyou/about2.html

海洋基本計画について
海洋基本法に基づき，平成20年に閣議決定された5年間の海洋政策の指針．
http://www.kantei.go.jp/jp/singi/kaiyou/kihonkeikaku/index.html

■国際機関

United Nations（UN）【国際連合】
192加盟国（2010年8月現在）からなる国際機関．国際平和，安全保障だけでなく，持続可能な開発や環境保全等，広範囲の分野に取り組む．国連海洋・海洋法局（UN DOALOS）が国連海洋法条約 United Nations Convention on the Law of the Sea（UNCLOS）を扱う．
http://www.un.org/english/

Food & Agriculture Organization（FAO）【国連食糧農業機関】
人々が健全で活発な生活を送るために十分な量・質の食料への定期的アクセスを確保し，すべての人々の食料安全保障を達成することを目的とし，農林水産業政策・

計画の策定や組織・法制度等，農林水産業・農漁村の発展や貧困削減に貢献するための提言等をおこなう．
http://www.fao.org/

International Labor Organization（ILO）【国際労働機関】
政府，雇用者，被雇用者の三者が参加した国連機関．労働者の適切な労働環境の実現を目指す．海洋関連では，船員の安全衛生や福祉等が扱われる．
http://www.ilo.org/public/english/

International Maritime Organization（IMO）【国際海事機関】
海上航行の安全性，海運技術の向上，タンカー事故などによる海洋汚染の防止などに取り組む国連の専門機関．
http://www.imo.org/index.htm

World Meteorological Organization（WMO）【世界気象機関】
地球の大気循環，大気と海洋との相互作用，気象，水資源分布等の観測，情報の共有・発信等をおこなう国連の専門機関．
http://www.wmo.int/pages/index_en.html

United Nations Educational, Scientific and Cultural Organization-Intergovernmental Oceanographic Commission（UNESCO-IOC）【ユネスコ国際海洋委員会】
海洋調査，海洋観測システム，海洋・沿岸域の災害軽減，および海洋に関する人材育成について国際協力の推進を図る．
http://www.ioc-unesco.org/

United Nations Development Programme（UNDP）【国連開発計画】
国連システムのグローバル・ネットワークで，人々の生活の向上を目指した活動を行う．民主的ガバナンス，貧困削減，危機予防と復興，環境・エネルギー，HIV/AIDSの5つが重点活動分野．
http://www.undp.org/

United Nations Environment Programme（UNEP）【国連環境計画】
環境分野を対象に国連活動・国際協力活動を行う．UNEPのもと，140カ国以上が13の地域海プログラムに参加している．日本が参加する地域海計画に北西太平洋地域海行動計画（North-west Pacific Action Plan: NOWPAP）がある．
UNEP　　http://www.unep.org/
NOWPAP　　http://www.nowpap.org/

International Tribunal for the Law of the Sea（ITLOS）【国際海洋法裁判所】
国連海洋法条約に基づき，同条約の解釈・適用に関する紛争の司法的解決を任務として，1996年に設立された裁判所．
http://www.itlos.org/

The Joint Group of Experts on the Scientific Aspects of Marine Environmental Protection（GESAMP）【海洋保護の科学的側面に関する専門家会合】
様々な人間活動のインパクトから海洋環境を保護するために国連が設立した合同専門家会合．IMO，FAO，UNEP，UNESCO-IOC等8つの国連機関の支援をもとに活動している．
http://gesamp.imo.org/

Global Environment Facility (GEF)【地球環境ファシリティ】
地球環境の保全または改善のためのプロジェクトの実施に追加的に支援するための基金を提供するための機構
http://www.gefweb.org/

International Ocean Institute (IOI)【国際海洋大学】
海洋ガバナンスの実現をめざすグローバルなNGO．おもに海洋，沿岸域に関する教育・研究活動をおこなう．
http://www.ioinst.org/

■地域機関（Regional）

Partnerships in Environmental Management for the Seas of East Asia (PEMSEA)【東アジア海域環境管理パートナーシップ】
日本を含む東・東南アジアの11カ国と19団体が参加した地域メカニズム．条約に基づく取組とは異なり，法的拘束力を持たないパートナーシップ．統合的な沿岸域管理を通して参加国沿岸域の持続可能な開発を支援する．
http://www.pemsea.org/

North-west Pacific Action Plan (NOWPAP)【北太平洋地域海行動計画】
閉鎖性水域の海洋汚染の管理と海洋及び沿岸域の資源管理を目的とした地域計画の一つ．
http://merrac.nowpap.org

Pacific Islands Applied Geoscience Commission (SOPAC)【南太平洋応用地球科学委員会】
太平洋島しょ国の資源管理と持続可能な開発を進めるために設立された政府間地域組織（本部：フィジー）
http://www.sopac.org/

Pacific Islands Forum (PIF)【太平洋諸島フォーラム】
豪州ニュージーランドおよび太平洋島しょ国が地域の共通関心事項を話し合う場として存在する．現在，加盟国は16カ国．
http://www.forumsec.org.fj/index.cfm

■大学・研究機関（著者の関係組織をおもに掲載しているので，総合情報も参照してください．）

日本の海洋学の研究機関の研究室総覧リスト
http://www.jodc.go.jp/other_link_domestic_j.html
http://www.h5.dion.ne.jp/~komori-n/seaography/link_japan-ja.html
http://www.env.go.jp/earth/kaiyo/ocean_disp/4benri/kanren.html

●国内の研究機関

海洋研究開発機構（JAMSTEC）
http://www.jamstec.go.jp/

宇宙航空研究開発機構（JAXA）
　http://www.jaxa.jp/
海上技術安全研究所
　http://www.nmri.go.jp/
海上災害防止センター
　http://www.mdpc.or.jp/
防災科学技術研究所
　http://www.bosai.go.jp/
地球深部探査（CDEX）センター
　http://www.jamstec.go.jp/chikyu/jp/CDEX/
国立極地研究所
　http://www.nipr.ac.jp/
気象庁気象研究所
　http://www.mri-jma.go.jp/
国立環境研究所
　http://www.nies.go.jp/
産業技術総合研究所
　http://www.aist.go.jp/
水産総合研究センター
　http://www.fra.affrc.go.jp/
情報通信研究機構
　http://www.nict.go.jp
港湾空港技術研究所
　http://www.pari.go.jp/
国土技術政策総合研究所
　http://www.nilim.go.jp/
土木研究所
　http://www.pwri.go.jp/
防衛研究所
　http://www.nids.go.jp/
国立情報学研究所
　http://www.nii.ac.jp/

● 大学および附属研究機関

北海道大学大学院理学研究院
　http://www.sci.hokudai.ac.jp/grp/epub/ep-web/
北海道大学水産科学院
　http://www2.fish.hokudai.ac.jp/
北海道大学北方生物圏フィールド科学センター
　http://www.hokudai.ac.jp/fsc/
東北大学大気海洋変動観測研究センター
　http://caos-a.geophys.tohoku.ac.jp/

東京大学海洋アライアンス
　http://www.oa.u-tokyo.ac.jp
東京大学大気海洋研究所
　http://www.aori.u-tokyo.ac.jp
東京大学理学系研究科附属臨海実験所
　http://www.mmbs.s.u-tokyo.ac.jp/
東京大学地震研究所
　http://www.eri.u-tokyo.ac.jp/index-j.html
東京大学大学院農学生命科学研究科
　http://www.a.u-tokyo.ac.jp/departments/graduate_fish.html
東京海洋大学
　http://www.kaiyodai.ac.jp/
東京海洋大学水圏科学フィールド教育研究センター
　http://www.kaiyodai.ac.jp/Japanese/academics/center/index.html
東海大学海洋学部
　http://www.scc.u-tokai.ac.jp/
東海大学海洋研究所
　http://www.iord.u-tokai.ac.jp/
日本大学生物資源科学部
　http://hp.brs.nihon-u.ac.jp/~kaiyo/
横浜国立大学統合的海洋教育・研究センター
　http://www.cosie.ynu.ac.jp/index.html
名古屋大学高等研究院
　http://www.iar.nagoya-u.ac.jp/
京都大学理学研究科・理学部地球惑星科学専攻
　http://www.sci.kyoto-u.ac.jp/modules/tinycontent2/index.php?id=4
京都大学フィールド科学教育研究センター
　http://fserc.kyoto-u.ac.jp
高知大学海洋コア総合研究センター
　http://www.kochi-u.ac.jp/marine-core/
鹿児島大学水産学部
　http://www.fish.kagoshima-u.ac.jp/
琉球大学理学部
　http://w3.u-ryukyu.ac.jp/rgkoho/gakka/index03.html
臨海・臨湖実験所
　http://www.research.kobe-u.ac.jp/rcis-kurcis/station/default.html
水産大学校
　http://www.fish-u.ac.jp/

●海外の研究機関

おもな機関リスト
  http://www.jodc.go.jp/other_link_foreign_j.html
Woods Hole Oceanographic Institution【ウッズホール海洋研究所（WHOI）】
  http://www.whoi.edu/
National Oceanic and Atmospheric Administration【米国大気海洋圏局（NOAA）】
  http://www.noaa.gov/
French Research Institute for Exploitation of the Sea
【フランス海洋研究所（IFREMER）】
  http://www.ifremer.fr/anglais
Natioinal Oceanography Centrek Southampton
【サザンプトン海洋研究所（NOCS）】
  http://www.noc.soton.ac.uk/
British Antarctic Survey【英国南極調査所（BAS）】
  http://www.antarctica.ac.uk/index.php
RF Forschungsschiffahrt【独RF社】
  http://www.rf-bremen.com/englisch/home.html

■団体

（財）日本水路協会
  http://www.jha.or.jp/
海洋情報研究センター
  http://www.mirc.jha.or.jp/
海洋政策研究財団
  http://www.sof.or.jp/jp/index.php
（財）日本鯨類研究所
  http://www.icrwhale.org/
全国特定非営利活動法人情報の検索
  http://www.npo-homepage.go.jp/portalsite.html
海と渚環境美化推進機構（マリンブルー21）
  http://www.marineblue.or.jp/
沿岸技術研究センター
  http://www.cdit.or.jp/
エンジニアリング振興協会
  http://www.enaa.or.jp/
日本海運振興会
  http://www.jamri.or.jp/
海上保安協会
  http://www.jcga.or.jp/top.html

海洋産業研究会
　http://www2u.biglobe.ne.jp/~RIOE/
海洋水産システム協会
　http://www.systemkyokai.or.jp/
海洋生物環境研究所
　http://www.kaiseiken.or.jp/
（財）水産無脊椎動物研究所
　http://www.rimi.or.jp/index.html
海洋調査協会
　http://www.jamsa.or.jp/
環境再生保全機構
　http://www.erca.go.jp/
環日本海環境協力センター
　http://www.npec.or.jp/
漁業情報サービスセンター
　http://www.jafic.or.jp/
漁港漁場漁村技術研究所
　http://www.jific.or.jp/
港湾空間高度化環境研究センター
　http://www.wave.or.jp/
国際エメックスセンター
　http://www.emecs.or.jp/japanese/index.html
国際海洋科学技術協会
　http://homepage3.nifty.com/JIMSTEF/
自然環境研究センター
　http://www.jwrc.or.jp/
新エネルギー・産業技術総合開発機構（NEDO）
　http://www.nedo.go.jp/
石油天然ガス・金属鉱物資源機構　金属資源情報センター（JOGMEC）
　http://www.jogmec.go.jp/mric_web/
石油連盟
　http://www.paj.gr.jp/
瀬戸内海環境保全協会
　http://www.seto.or.jp/setokyo/
全国海岸協会
　http://www.kaigan.or.jp/
全国漁業協同組合連合会
　http://www.zengyoren.or.jp/
全国漁港漁場協会
　http://www.gyokou.or.jp/
大日本水産会
　http://www.suisankai.or.jp/

地球環境産業技術研究機構(RITE)
http://www.rite.or.jp/
電力中央研究所
http://criepi.denken.or.jp/jp/index.html
日本海事協会
http://www.classnk.or.jp/hp/topj.asp
日本海事広報協会
http://www.kaijipr.or.jp/
日本海難防止協会
http://www.nikkaibo.or.jp/
日本海洋レジャー安全・振興協会
http://www.jmra.or.jp/
日本気象協会
http://www.jwa.or.jp/
日本港湾協会
http://www.phaj.or.jp/
日本小型船舶検査機構
http://www.jci.go.jp/
日本自然保護協会
http://www.nacsj.or.jp/
日本水産資源保護協会
http://www.fish-jfrca.jp/
日本水難救済会
http://www.mrj.or.jp/
日本船主協会
http://www.jsanet.or.jp/index.html
日本造船工業会
http://www.sajn.or.jp/
日本中小型造船工業会
http://www.cajs.or.jp
日本造船技術センター
http://www.srcj.or.jp/
日本舶用工業会
http://www.jsmea.or.jp/
日本マリーナ・ビーチ協会
http://www.jmba.or.jp/
ブルーシー・アンド・グリーンランド財団
http://www.bgf.or.jp/
マリノフォーラム21
http://www.mf21.or.jp/
日本財団
http://www.nippon-foundation.or.jp/

■海洋の情報とデータベース

全国水族館ガイド
http://www.web-aquarium.net/

Ocean Biogeographic Information System（OBIS）【海洋生物地理学情報システム】
海洋生物の多様性や出現情報のデータベース．2010年4月で11万2千種が登録されている．
http://iobis.org/

Census of Marine Life（CoML）【海洋生物のセンサス】
70を超える国々の研究者が協力して，海洋生物の多様性や分布を調査する国際ネットワーク．
http://www.coml.org/

Global Oceanographic Data Center（GODAC）【国際海洋環境情報センター】
海洋研究開発機構が保有する航海データ，観測データ，生物や岩石のサンプルデータ，映像，画像などの情報．
http://www.godac.jp/top/index.html

Inernaitonal Oceanographic Data and Information Exchange（IODE）【国際海洋データ・情報交換システム】
IODE は様々なデータベースを管理している．その中の Ocean Data Portal のサイトは海洋データを地図を見ながら検索できる．
http://www.ioc.unesco.org/iode/

National Center for Biotechnology Information（NCBI）【アメリカの国立遺伝子工学情報センター】
海洋生物に限らないが，遺伝子配列や論文の検索ができる．
http://www.ncbi.nlm.nih.gov/

日本 DNA データバンク（DDBJ）
日本，欧州，米国の国際塩基配列データベース．NCBI と同じ検索ができる．
http://www.ddbj.nig.ac.jp/index-j.html

海上保安庁海洋情報部
海流推測図，リアルタイム験潮データ，海図の説明など日本沿岸の様々な情報．
http://www1.kaiho.mlit.go.jp/

宇宙からの水惑星観測
衛星で観測した地球の水に関する物理量を可視化した．黒潮モニター，オホーツク海氷速報などさまざまな画像が見られる．
http://sharaku.eorc.jaxa.jp/AMSR/relay/monitor_j.html

Paleomap Project【大陸と海の移動の歴史地図】
先カンブリア紀から2億5千万年後までの大陸移動のシミュレーション．
http://www.scotese.com/earth.htm

Ocean Portal：Smithsonian National Museum of Natural History【スミソニアン自然史博物館の海洋情報サイト】
海洋の生態系，生命の歴史などを写真中心に解説する．
http://ocean.si.edu/ocean_collaborators/

■掘削

Integrated Ocean Drilling Program (IODP)【総合国際深海掘削計画】
海洋科学掘削船を用いて深海底を掘削し，地球環境変動の解明，地震発生メカニズムの解明などを行う国際プロジェクト．
http://www.iodp.org/

日本地球掘削科学コンソーシアム（J-DESC）
総合国際深海掘削計画（IODP）と国際陸上科学掘削計画（ICDP）などの掘削科学を推進するために，日本の大学や研究機関が中心となって設立した組織．
http://www.j-desc.org/modules/tinyd0/rewrite/index_j.html

「ちきゅう」情報発見サイト
地球深部探査船「ちきゅう」の情報を掲載する．7,000mを掘りぬいてマントルまで到達できる．
http://www.jamstec.go.jp/chikyu/jp/index.html

■海の環境教育（多数あるが，著者が関係するサイトを紹介する）

しかたに自然案内
沖縄の海を舞台に海の自然を案内．
http://www.shikatani.net/

海辺の環境教育フォーラム
海辺の環境教育に関わる人のネットワーク．
http://interpreter.ne.jp/umibe/

NPO法人　海に学ぶ体験活動協議会
国交省系で2006年に作られた全国組織．
http://www.cnac.ne.jp/

JEANクリーンナップ全国事務局
海岸漂着ごみの清掃・調査活動に取り組む団体．
散乱ごみの調査やクリーンナップを通じて海や川の環境保全を行う環境NGO．
http://www.jean.jp/

インタープリテーション協会
NPOや民間の環境教育関係のイベント・セミナー・就職情報がMLで活発に飛び交う組織．
http://interpreter.ne.jp/

NPO法人　森は海の恋人
海と陸と両方から活動．
http://www.mori-umi.org/index.html

■女性研究者

Women in Oceanography【海洋科学の女性研究者たち】
雑誌 Oceanography 18巻1号の特集（2005年3月）．世界の女性海洋科学者たちが研究，キャリア，生活などについて書いている．参考になる．
http://www.tos.org/oceanography/issues/issue_archive/18_1.html

内閣府男女共同参画局
http://www.gender.go.jp/index.html

科学技術振興機構　男女共同参画
科学技術分野の男女共同参画についての情報．
http://www.jst.go.jp/gender/

男女共同参画学協会連絡会　大規模アンケート
科学技術系専門職における男女共同参画実態の大規模調査の報告書など．1万数千件規模のデータ．
http://annex.jsap.or.jp/renrakukai/enquete.html

著者紹介

窪川かおる（編者）
早稲田大学教育学部理学専修
早稲田大学大学院理工学研究科博士課程
早稲田大学教育学部常勤嘱託
東京大学海洋研究所 助手
東京大学海洋研究所先端海洋システム研究センター 教授
東京大学大学院理学系研究科附属臨海実験所 特任研究員
現 東京大学理学系研究科／海洋アライアンス海洋教育促進研究センター 特任教授
モットー●海の生物とその生息環境は未知や不思議さで満ち溢れている．そこに挑戦したい．

井上麻夕里
岡山大学教育学部
岡山大学大学院教育学研究科修士課程
東北大学大学院理学研究科博士課程
日本学術振興会特別研究員（DC2, PD）
現 東京大学大気海洋研究所 助教
モットー●研究においても生活においても，一方からの視点だけではなく常にいろんな方向から物事を考えるように心がけています．

鹿谷麻夕
東洋大学文学部国文学科
琉球大学理学部海洋学科
福井県立大学大学院生物資源学研究科修士課程
東京大学大学院理学系研究科博士課程中退
現 しかたに自然案内主宰
モットー●研究から得られたことを社会に伝え，海と人とのより良い関係を築いていくために，相手の目線で分かりやすく海を伝えて行きます．

渡部裕美
千葉大学理学部地球科学科
千葉大学大学院自然科学研究科生命・地球科学専攻修士課程
東京大学大学院理学系研究科生物科学専攻博士課程
東京大学海洋研究所海洋科学特定共同研究員，学術研究支援員，リサーチフェロー
海洋研究開発機構極限環境生物圏研究センター 日本学術振興会特別研究員
現 海洋研究開発機構海洋・極限環境生物圏領域 研究員
モットー●深海生物が海洋さらに地球の生態系の中でどのような役割をはたしているのか，「つながり」を意識しながら研究を行う．

塚本久美子

日本女子大学家政学部食物学科
東京大学大気海洋研究所 技術職員
この間,東京大学にて農学博士の学位取得
現 東京大学大気海洋研究所共同利用共同研究推進センター シニアテクニカルスタッフ
モットー●今までに関わった海洋,微生物などに関連する学問の面白さを多くの人に知ってもらいたい.

岩本洋子

東京理科大学理学部第一部物理学科
東京大学大学院理学系研究科地球惑星科学専攻博士課程
名古屋大学高等研究院研究員を経て
現 金沢大学環日本海域環境研究センターエコテクノロジー研究部門 博士研究員
モットー●空から海へ落ちるモノ,海から空へ出て行くモノを測る.

中山典子

北海道大学大学院地球環境研究科博士課程修了
東京大学海洋研究所海洋化学部門海洋無機化学分野 特任助手,助手,助教
現 東京大学大気海洋研究所 助教
モットー●やればやった分だけ結果はついてくる.

大村亜希子

信州大学理学部地質学科
信州大学大学院工学系研究科博士後期課程
信州大学大学院工学系研究科 日本学術振興会特別研究員
信州大学理学部非常勤講師,科研費研究員
産業技術総合研究所海洋資源環境研究部門特別研究員
産業技術総合研究所地質情報研究部門特別研究員
東京大学海洋研究所 助教
現 東京大学大学院新領域創成科学研究科特任研究員
モットー●自分のバランスを大切に.

沖野郷子
京都大学理学部
京都大学大学院理学系研究科修士課程
海上保安庁水路部（現海洋情報部）
東京大学海洋研究所（現大気海洋研究所）
　助手
東京大学大気海洋研究所　准教授
モットー●日々きげんよく．

小糸智子
日本大学生物資源科学部海洋生物資源科学科
東京大学大学院新領域創成科学研究科博士課程
現　日本大学生物資源科学部　助手
モットー●真理を追究するためには専門外の技術も習得する．

黒木真理
北海道大学水産学部海洋生物生産科学科　東京大学大学院農学生命科学研究科　修士課程
東京大学大学院農学生命科学研究科博士課程
現　東京大学総合研究博物館　助教
モットー●海というフィールドを大切にしながら，生き物の研究を続ける．

山岡香子
東北大学理学部地圏環境科学科
東北大学大学院理学研究科地学専攻修士課程
東京大学大学院新領域創成科学研究科自然環境学専攻博士課程
現　産業技術総合研究所地質情報研究部門資源テクトニクス研究グループ
モットー●情熱・感性・主張の3つを持ち続ける研究者でありたい．

丹藤由希子

千葉大学理学部生物学科
東京大学大学院農学生命科学研究科博士課程
自治医科大学医学部 博士研究員を経て
現 東北大学医学部先進感染症予防学寄附講座 博士研究員
モットー●自然を前にして謙虚に，そして果敢に挑む．

清水潤子

お茶の水女子大学化学科
お茶の水女子大学大学院理学研究科化学専攻修士課程
海上保安庁入庁後 主に海洋汚染調査に従事
現 海洋情報部技術・国際課海洋研究室 主任研究官
モットー●海洋環境保全のため「官だからこそ」やるべきことは何か，常に考えながら仕事をするよう心がけています．

上田 碧

独立行政法人水産大学校海洋生産管理学科
独立行政法人水産大学校専攻科船舶運航課程
水産庁 漁業取締船航海士
現 独立行政法人水産総合研究センター 漁業調査船航海士
モットー●水産系女性航海士として，人類と海洋生物との共生に寄与していきたい．

渡邊千夏子

東北大学農学部水産学科
東北大学農学部大学院修士課程
水産庁中央水産研究所生物生態部
現在 独立行政法人水産総合研究センター中央水産研究所資源管理研究センター資源評価グループ 主任研究員
この間，東京大学にて農学博士の学位取得
モットー●なにごとも 先入観や権威にとらわれず，いろんな視点で考える．

大石（青木）美澄
琉球大学理学部海洋学科
琉球大学大学院理学研究科海洋学専攻修士課程
日本海洋事業株式会社海洋科学部 課長
現 同社総務部 課長
モットー● 仕事でも，遊びでも，陸にいても，乗船中でも，常にいろいろなことに意識を向け，興味を持つこと．きつい仕事の中にも「楽しい何か」がありました．それを見つけることが，仕事をやり遂げる秘訣です．

木戸ゆかり
千葉大学理学部地学科
東京大学理学系研究科博士課程
現 独立行政法人海洋研究開発機構地球深部探査センター運用室地質評価グループ
モットー● 世界各国から「ちきゅう」に集い，寝食を共に長期間合宿生活をする，といった国際プロジェクトにとても魅力を感じています．得られたデータは，一定期間が過ぎれば，ウェブサイトから全世界に発信公開され，いわば人類の遺産となるのです．こうしたところに大いにやりがいを感じています．

足立　文
琉球大学理学部生物学科
琉球大学大学院理学研究科修士課程
現 新江ノ島水族館展示飼育部 学芸員・飼育技師
モットー● 海の中には，一見我われヒトとは全く異なる不思議な生きものがたくさんいます．そんな生きものたちを，できるだけ多くの人に好感を持って受け入れてもらえるよう，心をこめて紹介したいと思っています．

広瀬あかり
九州大学農学部生物資源環境学科
九州大学大学院生物資源環境科学府生物機能科学専攻
現 マルハニチロホールディングス中央研究所
モットー● 今できることはとりあえずやっておく！　現地での試験もまさに，です．取れるデータはとりあえず取っておく！

脇田和美

早稲田大学理工学部土木工学科
早稲田大学大学院理工学研究科修士課程
東京都庁,財団法人日本システム開発研究所,国連開発計画(United Nations Development Programme)等を経て
現 海洋政策研究財団

モットー● 日本人としての良い部分は失わず,日本社会のものさしで物事をはからない.人との出会いに感謝し,現場の声に耳を傾ける.

締切厳守

海のプロフェッショナル―海洋学への招待状
　　2010年11月5日　第1版第1刷発行
　　2012年8月20日　第1版第2刷発行

　　編　者　窪川かおる
　　著　者　女性海洋研究者チーム
　　発行者　安達建夫
　　発行所　東海大学出版会
　　　　　　〒257-0003　神奈川県秦野市南矢名3-10-35
　　　　　　TEL 0463-79-3921　FAX 0463-69-5087
　　　　　　URL http://www.press.tokai.ac.jp/
　　　　　　振替　00100-5-46614
　　印刷所　港北出版印刷株式会社
　　製本所　株式会社積信堂

ⓒ Kaoru KUBOKAWA and Women in Marine Sciences, 2010　　ISBN978-4-486-01881-0

Ⓡ〈日本複製権センター委託出版物〉
本書の全部または一部を無断で複写複製(コピー)することは，著作権法上の例外を除き，禁じられています．本書から複写複製する場合は日本複製権センターへご連絡の上，許諾を得てください．日本複製権センター(電話 03-3401-2382)